ロシアトヨタ戦記

Tomoaki Nishitani

西谷公明

中央公論新社

ロシアトヨタ戦記

目次

ロシアトヨタ戦記

プロローグ

——後年、日本の「失われた二〇年」と呼ばれる時代のことである。

失われた二〇年

つい昨日のように思えるが、早くも二〇年以上もまえになる。

往時、ウクライナの日本大使館で専門調査員をしていたわたしのところへ、日本のトヨタ自動車の役員から国際電話があったのは、新しいミレニアムをまぢかにひかえた一九九九年の二月はじめだった。わたしは長銀（日本長期信用銀行）の子会社である長銀総合研究所から出向中の身だったが、前年の十月に長銀が破綻して国有化がきまり、帰るべきところをなくしていた。

三週間後、バルセロナへ出張したその役員と、トランジットのために降りたパリのシャルルドゴール空港内のカフェで会った。日灼（ひや）け顔にゴールドフレームのメガネをかけた日本の紳士が、航空会社の係員にともなわれて向こうのほうから手をふりながらやってきて、わたしのそばへ来るなり、「ウェルカム・トゥー・トヨタ」と言って固い握手。戸惑いを隠せなかったことを憶えている。

人生にはいくつかのめぐりあわせがあると思う。その役員は前年秋にキエフを市場視察におとずれており、そのときに大使館で会っていた。

「あなたのことはすでに人事とも話をつけてきた」

その場で入社後の配属、職位、処遇などについてひととおり話しおえると、紳士はガラケーを取りだして（スマホのない時代だった）海外部門担当の副社長に連絡し、三月末の月曜日朝一番に面談をセットした。

とにかく押しが強い。明快で歯切れがいい。決めるべきことをその場で決める。そして次のアクションへつなげる。そういう印象だった。これがあの大トヨタの幹部か、とけおされた。

当時、トヨタは従業員数六万八〇〇〇人（一九九九年三月末時点の単独ベース。海外子会社をふくめた連結ベースの総従業員数は一八万四〇〇〇人）、連結売上高一二兆七四九〇億円、営業利益七七五〇億円（一九九九年三月期）の日本を代表する巨大自動車メーカーになっていた。未体験ゾーンへ踏みだすことへの不安はあったが、どうやらお膳立てはできており、もはやあとへはひけないな、と電話のやりとりを横で聴きながらその場で肚（はら）をくくった。人生なかば、四五歳を過ぎての決断である。

さて一九九九年三月末。専門調査員としての三年間の大使館勤めを終えて帰国したとき、日本社会はバブル崩壊後の厚い閉塞感におおわれていた。

一九八〇年代末から九〇年代はじめにかけての日本は、本来の輸出主導型の成長に限界が見えるなかで、地価はかならず上がるものという土地神話に走り、地価を極限までふくらませて、それを担保にして銀行の貸出しを増やし、企業の設備投資をうながし、国民の消費を刺激してひたすら経済成長を追求した。つまり、資産の異常な含み益を成長のエンジンにした。バブル経済と呼ばれるゆえんである。

したがって、バブル崩壊後におとずれた不況とは、要するにバブル期にふくらんだ供給力のおびただしい過剰であった。ある意味で、それは成長の余力を使いきる寸前まで経済成長を追求した帰結だったとも言える。地価の下落とともに、日本経済という帆船は自律の動きを失って無風のなぎを漂った。製造業の多くや建設・不動産、金融・保険などの非製造業を中心に、リストラという名の人員整理が断行された。

久しぶりの東京で、古巣の長銀総研が入っていた大手町の旧長銀本店ビルをおとずれると、自動ドアが左右にひらくはずだった黒い御影石の玄関が、茶色いベニア板で固く封じられていた。冷戦が終わり、海の向こうでは戦後世界のパラダイムがガラガラと音を立てて変わりつつあるというのに、日本は政治も経済も、そうした世界大の構造変動に向きあうのではなく、バブルが残した途轍（とてつ）もなく膨大な不良債権の処理をずっしりと重く引きずって（その規模はミレニアムを迎えるころには総額八〇兆円以上、日本の国内総生産、つまりGDPの約一五％にものぼっていた）、その反動による強烈なデフレスパイラルの渦にのまれて内を向き、静かに漂流するままだった。

また、企業は黒船来襲さながらに、冷戦終結後をリードするアメリカ発のグローバルスタンダードの波に洗われた。金融マーケットの評価が重視され、手間と時間をかけた地道な成長よりも、株価を上げて投資家によろこばれるための目さきの収益のみが優先された。そして、ニューヨークやロンドンに本社をおくコンサルティング会社や格付け会社が幅をきかせて企業の経営やビジネスを評価し、変革をせまった。ガバナンス（監視と統治）やコンプライアンス（法令遵守）といった耳なれないカタカナ用語がひろまりはじめたのもこのころだ。国際化にかわってグローバル化が標準語になったが、経済のグローバリゼーションという未知なる変化をチャンスとみるよりも、不安に対して頭を低くして身構えるという雰囲気が支配的だったように思う。

世界のトヨタ

けれども、わたしが飛びこんだトヨタはちがっていた。

トヨタはベルリンの壁が崩れ落ちたおなじ一九八九年、太平洋を越えたアメリカで高級車ブランド「レクサス」を立ちあげて大ヒットさせた。そして、わたしが入社する一年半ほどまえの一九九七年十二月には、かの〝21世紀に間に合いました〟の鮮烈なキャッチコピーに乗せて未来志向のハイブリッド車プリウスを発売して、日本の「大衆車ブランド」からグローバルな「環境先進車ブランド」へ変貌しようとしていた。

また、日本社会全体がバブル景気に浮かれていたとき、「三河の田舎ザムライ」とかげぐちを叩かれながらも、この会社はせっせと車づくりに励んでいた。一九三七年創業以来の質実剛健を旨として華美を厳に戒め、つめに火をともすような節約と、部品一点あたり一銭一厘のコストダウンを愚直なまでにおこなって、余裕資金（いつでも用立てできる手もとの現金である）はいつしか一兆円を超すまでになったが、それでも財テクには目もくれなかった。そして、バブル崩壊後は小さく身をすぼめるどころか、その豊富な事業資金に支えられてひとり気を吐くいきおいだったのである。

一九九八年八月、アメリカの債券格付け会社のムーディーズがトヨタの長期債の格付けをAaa（トリプルA）からAa1（ダブルAワン）へワンランク下げるできごとがあった。リストラをおこなわない経営姿勢がその理由とされた。

これに対し当時、社長として決算発表の記者会見にのぞんだ奥田碩（ひろし）氏が、

「わたしどもは社員教育にお金と時間をかけてきました。ですから、トヨタはリストラをいたしません。そんなことをするのはお金をドブに捨てるようなものですよ」

と応じて、金融マーケットの挑戦的な視線をしりめに内外メディアの大向こうをうならせたのだ。それで格付けが下がるならそうしてくれ、格付け会社なにするものぞ、とでも言わんばかりの自信に満ちあふれた顔だった。経営者としての器の大きさと、どっしりした胆（きも）の据わりを感じさせた。そして、長期安定雇用こそがモノづくりの人材をそだて、日本の製造業の競争力を支えるのだと、自らニューヨークへ乗りこんでムーディーズ本社へ抗議におもむいたのだ

った。まことに剛毅というほかない。

わたしが入社したのは、それからまもなくのころだった。経営面では一九九五年八月以来、二期およそ三年一〇ヵ月にわたって社長をつとめたその奥田碩氏が会長にしりぞいて、後任として張富士夫氏が社長についた矢さきである。創業者の嫡子である豊田章一郎氏は、取締役として名誉会長の座にあった。トヨタはすでに「日本のトヨタ」から「世界のトヨタ」になり、GM、フォード、クライスラー、VW、ダイムラー・ベンツの世界のビッグ5（当時）と競いながら、世界一の自動車メーカーへ向かって積極果敢にグローバル経営をすすめていた。

会社全体が、まるでエンジン音でも聞えるかのような活気とスピード感にあふれ、職場の皆が快活で、いつもせわしなくうごいているように感じられたことが印象に残る。シンクタンクと大使館しか知らないわたしには、これが新鮮で、かつ鮮烈でもあった。役員や部長をはじめ、基幹職と呼ばれる幹部たちは朝から戦意満々、バイタリティにあふれていたし、秘書たちは会長、社長のスケジュール管理に追われて役員フロアーを文字どおり駆けてまわっていた。

配属は東京本社の海外営業第二部、欧州アフリカ地域の販売を統括する部署だった。トヨタには名古屋から近い豊田市の、いわゆる本社と東京本社のふたつがある。海外営業関連の部署はほとんど後者におかれ、企画・管理、調達、開発・生産・技術関連部門などはたいてい豊田市の本社におかれていた。工場の多くも愛知県内にあった。わたしは東京本社のそこで、ロシアとその周辺国（中央アジア、コーカサス、ウクライナ）や東欧（旧ユーゴスラビアとバルカン諸国など）に対する自動車の輸出と販売体制の整備をおこなうグループの見習い課長として、トヨタでのキャリアをスタートさせた。

毎週月曜日の午前九時から一〇時まで、部長が中心となってグループ長（原則、課長級以上）を集めたMM（エムエム、Monday Meetingの略）がひらかれた。はじめに部長から、会社全体のうごきと担当役員からの指示などがコンパクトに伝達される。つづいてグループ長が順番に前週の販売状況や特記事項を手ぎわよく報告し、部長から矢継ぎ早の質問と指示が飛ぶ。それが終わると、今度はグループごとにMMが招集されて、必要な情報がグループのメンバー全員につたえられる。こうして一週間の仕事がスタートするのだった。覚悟はしていたが、なにからなにまでわからないことずくめだった。MMでは、頼りなげなわたしの横で若い部下が代わって報告してくれた。

とにかく皆が目標に向かって仕事をし、ひとりひとりがスピーディーに役割をこなしているという、引き締まった雰囲気が感じられた。さすがに入社してしばらくはとてもついていける気がしなかったが（いまだから打ち明けるのだが、月曜日の朝が来るたびに、いつ辞めようかとばかり考えていたものだ）、ボーッとしているとおいていかれそうで、そのうちに気がつくと、わたし自身もそういう職場の空気に魅入られるように仕事に打ち込んでいたことが懐かしく思い起こされる。

ドルショック後

ところで、ソ連崩壊から一〇年にもならない一九九九年、トヨタは混乱の余燼（よじん）くすぶるロシアの首都モスクワにいち早く駐在員室を開設した。そして、それを足がかりとして二〇〇一年七月に販売マーケティング会社を設立して自動車の販売基盤を強化すると、つづいてサンクトペテルブルク郊外に工場を建設して二〇〇七年十二月にカムリのノックダウン生産（部品を日本などから輸入し、現地でそれを組み立てて製品を完成させるやり方）を開始している。工場の起工式や竣工式にはプーチン大統領も駆けつけて、日本でも話題になったことは記憶にあたらしい。

が、それにしても……、と読者は思うかもしれない。

なにしろ、世間から「石橋を叩いても渡らぬ」と評されるほどに慎重だったはずのあのトヨタが、またどうしてロシアへなど進出する気になったのか、と。

時をさかのぼるが、一九七〇年代に二度の石油ショックが日本経済に吹きあれた。

それはまた、ドルショック（一九七一年八月にドルと金の交換にもとづく国際通貨システムが破綻してドルの価値が急落した事態。いわゆるニクソンショックとして知られる）に席捲された一〇年でもあった。これにより、戦後日本の高度成長は安い油と安い円（円の価値は、それまで戦後占領期の一九四九年に実施されたドッジラインによって一ドル＝三六〇円の固定為替レートに設定されていた）というハンディキャップをはずされて終焉した。

要するに、日本はもはや一人前の経済として、成長戦略の軌道修正を余儀なくされたわけである。それは、やがてはじまる日米間の貿易摩擦がしめすところでもあった。円高は抗いがたい潮流となった。円はその後、固定相場制から主要な国際通貨と対等な変動相場制へ移行し、一九八五年のプラザ合意をへてドル高・円安の是正へと向かう。

そして、この環境激変の時代、トヨタもまた決断をせまられる。もともと日本の自動車産業は、自動車王国アメリカへの輸出で実力をつけてきたいきさつがある。トヨタもまた例外ではなかったが、如何(いかん)せん、そのアメリカへの輸出が数量規制の枠をはめられて困難になったからである。

そのため、トヨタは石油ショック後のアメリカにおける小型車ブームの流れに乗っていきおいをつけると、一九八〇年代にはじまった日米間のきびしい貿易摩擦と急激な円高の波濤(はとう)を乗りこえて、アメリカでの現地生産に乗りだす。まず一九八四年にカリフォルニア州フリモント工場でGMとの合弁生産をスタートさせ、日本経済がバブルに沸いた一九八八年には、ケンタッキー州のジョージタウンに自社工場をもうけてカムリのノックダウン生産をスタートさせる。

つづいて一九九〇年代に入るや、超円高の圧力（一九九五年四月、円相場はいっとき一ドル＝七九円の史上最高値をつけた）と、くすぶりつづける日米通商摩擦の火種を自らの手で消すように、エンジンやアクスル（車軸）、部品調達の現地化をふくめた北米市場での本格的な現地生産に打ってでる。北米にめどをつけると、ヨーロッパでも一九九二年にイギリスでエンジン製造をふくむ一貫供給体制をととのえた。また、北米やヨーロッパ以外でも、台湾やオーストラリア、東南アジア、西アジア、中国、中南米、中近東、南アフリカなどの各地域で、各国の自動車産業政策をにらみつつ、出資、合弁、委託生産などさまざまなかたちで販売網の強化と現地生産化への布石を打っていた。

そして一九九〇年代後半になると、バブルがはじけて日本国内での販売が頭打ちになるなかで、冷戦の終結と経済のグローバリゼーションの流れをチャンスととらえて海外事業の拡大に向かって猛然と走りだす。冷戦後世界の中心となったアメリカ市場での快進撃もつづき、こうしてトヨタは世界経済のグローバリゼーションの波に乗るのだった。

石油ショック後の一〇年は、高価なエネルギーの時代ともなった。戦後日本の高度成長を支えた輸出産業は韓国や台湾、シンガポールなど中進国に追いあげられ、労働集約的な繊維や素材、あるいは鉄鋼や造船、石油化学などといった重厚長大型産業は競争力を失って深刻な構造不況にあえいだ。かわって一九八〇年代になると、省エネルギー化をリードする半導体とエレクトロニクス、それらを組み込んだ付加価値の高い家電、音響、通信、機械、自動車などが先頭にたって輸出を牽引した。やがて、これらの分野もつぎつぎと追いあげられていくことになるのだが。

自動車産業では、トヨタと日産、三菱、ホンダ、マツダ、スズキなどのメーカーが、欧米メーカーとの合従連衡をくりひろげながら技術を磨き、世界の市場でしのぎを削った。北米やヨーロッパなどへの進出では、むしろ日産やホンダのほうが先行した。

一九七八年に日中平和友好条約がむすばれた。来日した鄧小平副首相（当時）は、中国近代化の大戦略をえがくため、日本の新幹線に乗って製造業の現場を視察した。そのとき、自動車工場で訪問先としてえらんだのはトヨタではなく、神奈川県にあるライバル日産の座間（ざま）工場だった。当時、対するトヨタは持てる経営資源をアメリカに集中していた。ところが、その日産はバブル崩壊後の一九九二年に赤字に転落。その後、資本提携したフランスのルノーからカルロス・ゴーンを迎えていったんはV字回復を遂げたかに見えるも、往年の輝きはいまでは霞む。企業の栄枯盛衰は激しい。そうしたなかにあって、トヨタはライバルたちの浮沈をしりめに、やがて雄としてひとり抜きんでていくのだった。

グローバル経営

もっとも、バブル崩壊後のトヨタをとりまく状況が順調だったわけではけっしてない。一九九〇年代前半のトヨタは、国内販売の不振に加え、超円高による輸出ブレーキと日米自動車摩擦の三重苦を引きずって業績の伸び悩みから抜けだせずにいた。

奥田碩氏は、一九九五年八月にトヨタの第八代社長に就任した。創業家の血をひく豊田英二氏（第五代社長、最高顧問。二〇一三年没、享年一〇〇）と直系の豊田章一郎氏（第六代社長。現名誉会長）のふたりから、不幸にして突然の病にたおれた同じく直系の豊田達郎氏（第七代社長。二〇一七年没、享年八八。章一郎氏の実弟である）のあとを託された。

「もう一〇年若かったらよろこんで（社長を）引きうけたのだが……」

就任の記者会見で、ボソッとそう語ったという。

いかにもそのひとらしいと思う。

トヨタは一九八二年に開発・製造のトヨタ自動車工業と販売のトヨタ自動車販売が合併していまのトヨタ自動車になった。同氏はもともと自販そだちで、工販合併のときに四九歳の若さで取締役に抜擢（ばってき）されたが、社長に就いたときにはすでに還暦を過ぎた六二歳になっていた。あと一〇年若ければまっしぐらに世界一をめざしますよ、と豪快に言い放ったわけではなかったが、言外に秘めた思いをそう読む向きもあったらしい。

「これからは変わらないことは悪いことだと思ってほしい。変わることをためらうひとがいれば、変革に加わらなくてもいいが、変革の邪魔だてはしないでほしい」

就任後、全社員に宛ててこう告げたそうである。工販合併後の緊張感もすでに薄れ、社内には大企業がおちいりがちな慢心と名状しがたい停滞感がひろがっていたという。財務体質は盤石だったが、国内における販売シェアは四〇％を切るところまで落ちていた。

ところが、このひと言で社内の空気が一変した、とは後年、部下たちから聞かされた逸話である。

同時に、国内販売シェア四〇％奪回の大号令をかけて短期間で達成する。これで活が入った。メーカーは工場の操業あっての経営である。工場の稼働率も上がって会社は活気を取りもどす。そして、足もとの国内販売を固めると、GM、フォードの背中を追って一気呵成（かせい）にグローバル経営へと羽ばたいた。

需要のあるところで生産する。同氏はこの方針を加速させて、北米市場における現地化をさらにすすめる戦略を軸に、東南アジア、ブラジル、インド、中国などの新興国で積極的な現地生産に乗りだした。そして、後任の張富士夫氏（第九代社長）と渡辺捷昭（かつあき）氏（第一〇代社長）のふたりが、たすきをつないで世界一の自動車メーカーをめざした。アジアでは天安門事件後の中国が改革開放政策をすすめ、二〇〇一年十二月に世界貿易機関（WTO）への加盟を果たした。ヨーロッパではロシアと東欧という未開拓の市場がひらかれていた。

一九九三年の欧州連合（EU）発足を視野に入れ、ヨーロッパではすでに一九九〇年にベルギーに地域統括会社トヨタモーター・ヨーロッパ・マーケティング＆エンジニアリング（のちに製販一体のトヨタモーター・ヨーロッパへ改組）が設立された。その後、その傘下にドイツ、イギリス、フランス、イタリア、スペインの五大国（市場の大きさでみた場合）を中心にトヨタ直轄の国・地域別の販売体制を整備すると、中・東欧へもそれをひろげていった。また生産面でも、すでに記したイギリス工場をさきがけとして、二〇〇〇年代に入ると、フランスで小型戦略車ヤリスの現地生産、ポーランドでエンジン、トランスミッション工場を立ちあげ、さらにチェコでプジョー・シトロエングループとの合弁プロジェクトを手がけていく。

そのさきには広大な旧ソ連の市場があった。とりわけてロシアは資源大国である。いったん油価が上がりはじめれば早晩化けるにちがいない。グローバル経営の地平に見えるロシアへの進出は必然だったし、自然な流れだったとも言える。わたしはそういう時期にトヨタへ入り、トヨタの仕事を一から学んだ。

初対面

入社して一年半ちかくが過ぎたころだったと思う。

その日、欧州アフリカ地域担当の役員がわたしにいっしょに来るように言って、奥田碩氏を紹介してくれた。同氏は当時、トヨタの会長であると同時に日経連の会長もつとめており（その後、二〇〇二年四月に日経連と経団連が統合してあらたに日本経団連が発足すると、その初代会長に就任した）、財界の重鎮としてライオン髪の小泉純一郎政権を支えてもいた。

執務室は水道橋の東京本社の一九階にあった。眼下に水戸徳川家ゆかりの名庭、小石川後楽園のみどりの樹々と小池をのぞむ。建物のエントランスは外堀通りに面し、都心の喧噪のただなかにありながら、築山泉水の静謐なおもむきが透明なガラス越しにひろがる。わたしは上司のかたわらにいくらか緊張してすわり、ゆったりした黒檀の打ち合わせテーブルを挟んでそのひとと向きあった。三揃いの濃紺のスーツの背広をぬいで、首から肩にかけてのラインが猫背気味にいくらか盛りあがったおおがらな紳士だった。学生時代に柔道で鍛えたことはあとで知った。

「こちらは長銀総研からトヨタへきた例のニシタニ君、ロシアのスペシャリストです」

「よろしくお願いします」

例の、ロシアのスペシャリスト、と紹介されて、わたしがためらいがちに口をひらこうとした。

すると、それをさえぎるように、

「なんだ、君みたいな連中が長銀を潰したんじゃないのか」

「……？」

わたしのほうを見て、だしぬけに胴間声でそう言い放ったのである。

不覚にも不意をつかれ、取りつく島もまるでなかった。その様子におどろいて、上司があわてとりなしてくれたのをいまも鮮明に憶えている。企業の強さは中堅どころの踏んばりしだいだ、君たちがボケッとしていたからではないのかと、竹刀でいきなり喉もとを突かれた気がした。長銀ではなくて長銀総研の出身だったが、そこは黙って前を見据えた。どうやらそのひとには、部下と対面すると、まず相手の意表をついて一発かましてから本題に入るというような癖があったのかもしれない。相手がバブルに浮かれて潰れた銀行の子会社から転職してきた若造だと聞いて、ケチのひとつもつけてみたくなったのだろう。

そして、はじめての出会いからさらに一年半ぐらいのち、外務省の田中真紀子スキャンダルの第二幕として、鈴木宗男衆議院議員（現参議院議員）が日本の北方領土支援にからんだあっせん収賄容疑で逮捕されたころのことだった。

ある日、ロシアの経済情勢と自動車市場についてブリーフするために会長室へおもむいた。

わたしの説明をひととおり聴きおわると、

「君のところへも調査にきたのか？」

と、脈絡もなくボソッと訊くのである。

「……？　いいえ、そのようなことはありませんが……」

よくよく思い起こせば、鈴木宗男議員とまったく面識がないわけではなかった。いつだったか、東京麻布は狸穴（まみあな）の駐日ロシア大使館の玄関まえの車寄せで、当時外務省につとめていた知人から、ハイヤーのドアをあけて降りてきた議員をその場で紹介されたことはある。だがその程度のことで、この件は政治と外交をめぐる、外からはうかがい知れない永田町と霞が関のどろどろした政官界のできごとだ。一介の平凡な会社人にすぎないわたしになんらのかかわりなどあろうはずがないではないか。なぜそんなことを訊くのだろう？　わたしは、質問の意味すらわからないままにそう返した。

ところが、そのひとはなにを思ったのか、

「そうか……」

とつぶやいて、心なしかもの足りないような顔をする。否、少なくともわたしにはそう見えた。なんだ、その程度のロシア通だったのか、それならそれでほかに答えようがあるだろう、とでも言いたげな表情に見えたのである。わたしは言葉を失った。また、おおいに恐縮もした。どうやら、このひとはそもそも考えていることのモノサシがちがうようだ。あるいは、「器量」というものがちがっていた。

他方、わたしの知る同氏は、いわば筋金入りの拡大均衡論者であるとともに、「小さくてもキラリと光る国」をめざすという主張（以前、日本のあるべき国家像をそう表現していた政治家がいたと聞く）とは、およそ対極にいるひとでもあった。

社内には、ロシア進出のことを奥田プロジェクトと呼ぶひとたちもいた。

また、君子、危うきに近寄らずと、リスクをあやぶむ声もなかったわけではない。

けれども、

「失敗したって、たかが知れとりますよ」

と、いささかも悪びれることなくそう言って、破顔一笑するひとだった。

詰まるところ、トヨタのロシア進出はそのひとの「器量」の為せるわざ、ということだったかもしれないとも思うのだが、いずれにせよ、同氏の存在なくしてロシアにおけるトヨタの物語ははじまらない。


ひとの記憶は満天の星の光に似ている。

暗い夜空を見上げてじっと目を凝らしていると、明るく光を放ついくつかの星のまわりに、やがてあまたのかすかな輝きがつぎつぎに瞬いて、まるで遠い無限のかなたから地上へ向かってなにかを囁きかけているかのように見えてくる。けれど、光はなん億光年という無限の時空を旅して、はるかかなたの地球へたどりつく。そうだとすれば、幾筋もの光が地上へとどくころ、光を放つ実体は、もうずっと遠い昔に消滅しているかもしれないのだ。

人の記憶もまた、そうした幾多の光の筋のように、過去という時空をさまよいながら遠ざかる。あるいは、地上における無常の時間の流れとともに、新しい日常の水底に色あせて埋もれていく。星の瞬きが永遠でないように、人の記憶というものもまた永遠ではない。だから、記憶は記されることによってのみ、永遠であり得る。

二〇〇二年九月……、と古い手帳にある。

「いつでもロシアへ行けるように準備だけはしておいてほしい」

ある日、移動中の車内で上司の役員からそう告げられた。はじめからそういうレールが敷かれていたのか、そこはわからない。それからさらに一年半ちかくが過ぎた二〇〇四年一月、わたしはロシアへ渡った。トヨタへ入社しておよそ四年半後のことである。かそけき星の光をたよりに、わたしが経験したロシアにおけるトヨタと、その一時代の物語を記したい。

第一章　ロシア進出

モスクワ郊外の新社屋建設候補地周辺
当時は一面、荒れ地と原っぱだった。
送電線が雑木林の方へ延びていた。
（2005年６月、撮影：TEAM IWAKIRI）

モスクワは赤の広場とクレムリンで知られる堂々たる大都市で、革命前のロマノフ朝時代を偲ばせるヨーロッパ風の建造物とならんで、スターリン時代を象徴する高所から見おろすような威風堂々たる建物や、灰色のコンクリートを積みあげて外壁を漆喰で塗りかためたつくりの巨大な集合住宅群などが、大通りに沿って街の輪郭をなすように建っている。

しかも、その大通りたるや、ジェット戦闘機の滑走路さながらに幅がひろくてながいのである。そして、そういうハイウェイがなん本か、クレムリンから郊外へ向かって放射状にまっすぐ延びている。なにしろ、ここでは視角のパノラマが横長にワイドにひろがって、なにもかもがまるで要塞のように大きく感じられるのだ。

ロシアトヨタのオフィスは、そのクレムリンと赤の広場を中心にしてダウンタウンをドーナツ状に一周してまわるサドーヴォエ環状道路（サドーヴォエとは「庭園の」という意味）と、センターから北へ向かうミール大通り（ミールは「平和」の意）の交差点からわずかに北西の脇へそれた小路の一角にあった。

モスクワ市シェープキナ通り、建物四番。

八階建てのこぢんまりしたオフィスビルの五階と六階の二フロアーを賃借し、一階から四階までの四フロアーにはドイツ銀行の情報システム部門（バックヤードである）が入り、七階、八階はその銀行の出張者が利用する宿泊施設になっていた。

つまり、大都会の片隅にめだたないようにしてひっそりと在る、という風情だった。

有限会社トヨタモーター

二〇〇四年一月、わたしはロシアトヨタ社長に任ぜられてロシアの首都モスクワへ渡った。

赴任に際してわたしに与えられたミッションはふたつ。ひとつは、ロシアにおける販売基盤をととのえること。もうひとつは、現地へ乗りこんで生産プロジェクトをうごかすこと。

ただ後者については、わたしの役割はいわば切り込み役としてロシア政府との交渉をはじめるところまでで、具体的な交渉と工場の建設は、本社の企画部署と日本からあらたに送りこまれた経験ゆたかな事業企画マンやベテランのプラントエンジニアたちの手にゆだねられた。わたしのほうは販売マーケティング会社であるロシアトヨタの経営に専念することになる。まず、販売の基盤をつくる。そして、その国と市場を知り、人をそだて、仕事のしくみをつくりこんで、つぎに工場をつくる。それがトヨタのやり方である。辞令の任期は三年だったが、在任期間は結局、リーマンショックをへて二〇〇九年の春さきまでほぼ五年三ヵ月におよんだ。

ロシアトヨタは、正式には「有限会社トヨタモーター」という。

トヨタは世界のおもだった国や地域に販売マーケティング会社をもっていた。日本をはじめ世界各地の工場から自動車を仕入れて傘下のディーラーに卸す、いわばトヨタ自動車直轄の国・地域別のディストリビューター（販売代理店）である。ちなみに、ここでディストリビューターとは、具体的には本社（メーカー）と販売店であるディーラーのあいだに立って、自動車の仕入れと卸売り、配送サービスをはじめとして、その国もしくは地域における新型モデルの導入や価格の設定、宣伝・販促施策の実施、販売サービス網の拡充、修理部品の補給、ディーラーがカスタマーに対しておこなう保証・修理サービスのサポートなどを、本社にかわって一体的、総合的におこなう会社のことをいう。

ロシアトヨタも例外ではない。一九九九年に開設されたモスクワ駐在員室をベースにして、二〇〇一年七月にトヨタグループの商社との合弁で設立されて、翌年四月に創業した。トヨタのグローバルな組織系統図では、ベルギーのブリュッセルに本社をおく汎ヨーロッパの地域統括会社トヨタモーター・ヨーロッパ（以下、トヨタヨーロッパ）傘下のディストリビューター二五社（設立当時）のうちのひとつだった（なお、資本構成についてはその後、まず二〇〇三年八月にトヨタの持ち分が日本の本社からトヨタヨーロッパへ付け替えられ、つづいてわたしの在任中の二〇〇五年十一月にグループ商社の持ち分も買い取られて、名実ともにトヨタヨーロッパ一〇〇%出資の子会社になる。日本の本社からみると孫会社の位置づけである）。

社名を「ロシアトヨタ」としなかったのにはいささかわけがあった。ロシアでは世界に唯一無二の「ロシア」という国名をそっくり企業名にもちいることは禁じられていたため、ふつうは国名のロシア語や英語による標記の一部をとって「ロス〇〇」とか「〇〇ルス」とかと称することが多いらしい。が、たとえば「ロス・トヨタ」、「トヨタ・ルス」などと聞いても、日本の本社のひとたちにはいったいなんのことやらさっぱりわからなかっただろう。名は体を表すべきなり、それが理想である。そこで当時、駐在員室長をしていたNさん（わたしの前任でロシアトヨタの創設者である）があれこれ思案した挙げ句、登記上はいっそシンプルに「有限会社トヨタモーター」とし、本社内での呼称と使い分けようということになった。そういうわけで、「ロシアトヨタ」というのは、いわば便宜上の通称である。

余談だが、ロシア語で有限会社のことを〝OOO〟（オー・オー・オー）と略して書く。そこで、Nさんがユーモア心よろしく、わざわざ〝OOO TOYOTA MOTOR〟と書面におこした。案の定、これがまた本社の役員たちの好奇心を刺激したようだった。設立を決めたのが、ちょうどまだ日本の茶の間に「だんご三兄弟」の余韻が残るころだったからだ。

「串にささって　だんご　だんご、三つならんで　だんご……」

この歌が、一九九九年一月にNHK教育テレビ（現在のEテレ）の朝の子供向け番組「おかあさんといっしょ」で、その月のテーマソングとして流れてたちまち日本中にひろまった。

実は、冒頭でも記したように、トヨタへ入社してモスクワへ赴任するまで四年半ちかくのあいだ、わたしは東京本社にあった海外営業部の一員として、ロシアとその周辺国や東欧諸国に対する自動車の輸出販売と販売体制の整備を担当しており、ロシアトヨタの設立にも事務方のひとりとしてかかわっていたのだが、設立にさきだって部下といっしょに東京から新幹線とローカル線を乗り継いではるばる豊田市の本社まで役員の決裁をもらいにいったときなど、質問はきまって決裁の中身よりも、まずはここからはじまるのだった。

「（ところで）この三つのだんごはなんですか？」

おかげでその場のこわばった空気がほどよくほぐれて、ともすれば厄介な質疑におちいりがちなロシアの案件がもつれずにすんで助かりもしたのだが。

それはともかく、トヨタがひとつの国にディストリビューターを設立するということは、本社の海外企画部門でいわば一人前の市場としてみとめられるということだった。つまり、トヨタの経営において、ロシアは将来の成長が期待できる重要市場として位置づけられたといえる。

なにせロシアといえば、ついこのあいだまではアメリカとならぶ世界第二位の超大国といわれた国である。そのうえ、原油とガス、レアメタルなどの天然資源も豊富なため、市場としてのポテンシャルは相当に大きいと考えられた。また、社会主義時代には乗用車の供給が不足していたため、国民は購入するまで四、五年も待たされていたことも知られていた。自動車に対する需要のポテンシャルを表す指標のひとつに一〇〇〇人あたりの保有台数があるのだが、二〇〇〇年時点のロシアのそれはまだ一四〇台そこそこのレベルにとどまっていたため（日本のそれは四〇〇台ぐらい）、今後モータリゼーションが本格化すれば市場はいっきにブレークする可能性が高いと踏んだわけである。

他方、もともとそのロシアへのトヨタ車の輸出は、一九九〇年代のなかばごろからいくつかの商社をつうじて細々とおこなわれていた。背景には、極東から流入する右ハンドルの日本製中古車への爆発的な人気があった。それが、やがて新興の富裕層のあいだで、高品質（丈夫で故障しない）の評判に裏打ちされた日本車への需要を生んだ。わたし自身も、東京の海外営業部でそうした需要にこたえるための輸出販売の実務にたずさわっていた。ランドクルーザーにはその当時から伝説的ともいうべきカスタマーの熱い支持があり、ニューファミリー向けにはカローラの人気も高かった。

ただしその場合、メーカーとしてはユーザーへの保証・修理サービスの受け皿をととのえておく必要があった。そこで、商社が輸出ビジネスをおこなうための条件として、アフターサービスを提供できる拠点をトヨタが認定するかたちでロシアの各地に設置してもらい、そのようないわば公認のサービスステーションをチャネルにして自動車が売られていた。メーカーが直接ビジネスをおこなうには、出荷台数が少ない割にリスクが大きいと考えられたためである。

したがって、トヨタがロシアにディストリビューターを設立するということは、それまでの商社経由の間接販売からメーカーによる直接販売へ切りかえることを意味していた。そして、市場の成長に乗り遅れないように、メーカーが自ら乗りこんで販売体制を整備し、メーカー主導による本格的なマーケティングをおこなっていくということだった（もちろん、それには多くのリスクがともなうこともあらかじめ覚悟のうえだったのだが）。小さく生んで、大きくそだてる。だれの知恵かは知らないが、いかにもトヨタらしく、聞いたとたんにストーンと肚の底におさまる巧みな言いまわしだと思う。いずれ販売が軌道に乗った暁には、ロシアに工場を建てて自動車を生産することも想定されていた。そして光栄にも、わたしはNさんの後を継いで創業してまもない現地法人の二代目船長をまかされたわけである。

着任したときは総勢七〇名足らずの小さな所帯で、うち日本の本社からは営業部出身の社長補佐、アフターサービス部出身のコーディネーター、それに部品ビジネスを担当するコーディネーターとわたしの四人。くわえて、経理・財務とリスクマネジメントを担当するひとりは英語とロシア語、日本語をほとんど自由自在にあやつるポーランド人で、彼はロシアビジネスの経験豊富な合弁パートナーの商社から出向していた（創業時はこの商社の協力と功績に負うところが大きかったことを特記しておこう）。また、現地人スタッフは駐在員室時代からのスタッフをコアにして、その商社が設立したモスクワのディーラーから移籍したメンバーと、あらたに採用したロシア人などが加わって、全体として家族的なムードにつつまれた会社だった。社内では、英語を仕事上の共通言語にしていた。

そして、以前からあったサービスステーション網をディストリビューター傘下の販売サービス網として再編し、モスクワを中心にウラル山脈以西のヨーロッパロシア地域にトヨタ店とレクサス店をあわせて二〇ぐらいのディーラーを擁し、わたしが赴任する前年の二〇〇三年にはおよそ二万六〇〇〇台の自動車を販売していた。

オイルロケット遠景

いま遠くからふりかえって、その時代のロシアを取りまく状況がどうだったかといえば、ソ連崩壊による未曽有の大混乱がようやく収まりかけて、にわかに復興のきざしを見せはじめた時期だったということになろうかと思う。

かつて日本もまた一九四五年八月、敗戦の焼け跡から出直した。そういう戦後日本との比較でいえば、ちょうど一九六〇年代の高度経済成長期の前夜にも似た雰囲気があったかもしれない。一〇年ひと昔ともいうが、日本もロシアも「敗戦」から一〇年と少し過ぎたころで、再出発からの時間的なへだたりとしてもほぼ似たような時期にあたっていた。

「もはや戦後ではない」

日本では一九五六年、当時の経済企画庁がその年の経済白書をこの鮮烈な理念のフレーズでしめくくった。そして、それにつづいて冷蔵庫、洗濯機、白黒テレビなどの耐久消費財ブームが到来する。周知のとおり、日本経済は一九五五年から東京オリンピック（一九六四年）や大阪万国博覧会（一九七〇年）をへて第一次オイルショックへいたる一九七三年まで、年率平均で実質一〇%をこえるめざましい高度成長の華の時代を経験した。

これに対してロシアでも、一九九一年十二月のソ連崩壊から一〇年ちかくが過ぎた二〇〇〇年一月、政治のバトンが旧体制の解体と市場経済化をリードした老政治家のボリス・エリツィンから若いウラジーミル・プーチンへ引き継がれる。それより少しまえの一九九八年八月には国債のデフォルトを宣言し、ルーブルを六分の一に切り下げる通貨危機におちいったりもしたのだが（財政が悪化したところにアジア通貨危機の余波をうけた）、それによる混乱もどうやら収まりはじめていた。

プーチンは、チェチェン独立派武装勢力の鎮圧に成功し、ロシアに国家としての一体性を回復させて国民の支持をあつめた。また、大統領就任後の二〇〇〇年七月には、〝オリガルヒ〟と呼ばれる新興財閥をクレムリンにあつめてテレビカメラのまえで会合をひらき、彼らの過去を問わないかわりに、財政を安定させるための新しい税制に同意することや、影響力を駆使して政府の邪魔をするような行動をとらないことを、国民監視のもとで約束させた。そして、古巣だったサンクトペテルブルク市政府出身の、若くて有能なテクノクラートを政府の主要なポストにつけて改革をおこなった。

いまでは忘れられた感もあるが、ロシアは二〇〇一年に斬新なフラットタックス税制を導入している。すなわち、個人所得税をそれまでの一二、二〇、三〇%の累進課税から、ひろくあさく網をかける一律一三%課税に変えたのである。そしてこれが、折から実行された脱税のいっせい取締りの動きともあいまって、地下経済にひろく巣くっていた巨大なヤミ取引きを表に出し、あふれんばかりの一大消費市場に一変させた点を過小評価してはならない（ただし、プーチンのロシアがその後、早くも二、三年もしないうちに変質していったことは後述するとおりでもあるのだが）。

同時に、そのころから原油価格がゆるやかな上昇に転じて（つまり、あたらしいミレニアムとともに世界経済の潮目が変わったのだ）、やがて資源国ロシアに巨大な消費ブームがおとずれようとしていた。ドイツやフランスのスーパーマーケットやスウェーデンの大型家具量販店などが、モスクワやサンクトペテルブルクなどへつぎつぎに出店し、富裕層のあいだで欧米製や日本製、韓国製などの高価な家電製品や輸入自動車が売れはじめてもいた。そして、プーチンはそのような欧米企業の進出を歓迎し、自由貿易と市場経済によるロシアの発展を肯定していた。

政治もプーチン与党が議会の過半数をしめるようになってしだいに安定し、企業も国民も将来の見通しや生活設計を立てやすい状態が生まれていた。ドイツやフランス、オーストリアなどの銀行がモスクワに支店をひらき、償還期限三年のユーロ建てやドル建てのクレジットを提供するようになったのもそのころだったように思う。つまり、ロシア経済の将来、もしくは消費者の将来に対してそれだけの信用が生まれたわけである。いうまでもなく、それは日本をふくむ西側企業に巨大な潜在市場とあらたな投資機会を提供した。そして、折からの資源高がこの流れをいっきにいきおいづかせた。

実際に数字でみても、ロシアのGDPは、二〇〇〇年からリーマンショックまえの二〇〇七年までの八年間に年間平均で実質七・二％の高いペースで伸び、経済はダイナミックな復興をとげている。さすがに奇跡と呼ばれた日本の高度成長にはおよばなかったとはいえ、それでも経済の規模としてはこの八年間に実質ベースで一・六倍ぐらいに増えた計算になる。

またこの間、ブレント原油の価格（ロシア産のウラル原油の価格はロンドン市場で取引きされる北海ブレント油を基準にして決まる）は、年間平均で一バレルあたり二四ドルから九八ドルへと四倍以上に飛躍した。これが膨大な資本蓄積をロシアにもたらし、経済成長のための原資になった。

とくに、筆者の在任期間とかさなる二〇〇四年から二〇〇八年にかけて、油価はまるでロケットさながらに急な斜面を駆けあがるように高騰した。アメリカの投資銀行ゴールドマン・サックスが、成長いちじるしいブラジル、ロシア、インド、中国の四ヵ国をまとめてBRICsと呼んだのは二〇〇三年十月のことだ。その後、世界経済をいわゆる「資源国ブーム」が席捲した。人、物、情報、お金がグローバルに自由に移動するなかで、ロシアへも巨額の投資資金が流入し、二〇〇六年末には株式市場の時価総額が一兆ドルをこえて世界のトップ一〇にランクインした。新聞には「オイルロケット」の見出しがおどり、油価は二〇〇八年夏にはついにいっとき一バレル一四〇ドルをこえた。

そして、このような原油価格の高騰に押しあげられて、自動車の販売台数は二〇〇四年の一四一万台から二〇〇八年には二九一万台へと倍増して、ロシアは一躍ドイツにつぐヨーロッパ第二の大自動車市場にのしあがるのだった。しかもその内訳というのが、二〇〇四年にはソ連時代の技術を受けついだ伝統的な国産車がまだ全体の七割以上をしめ、高価な輸入ブランド車は残りの三割弱をしめるにすぎなかったのが、二〇〇八年には両者のバランスが完全に入れかわったわけだから、後者の輸入ブランド車だけを切りとってみれば、その市場は筆者の在任期間とかさなるこの四年間になんと五倍以上に成長したことになる。そして、そのかぎりでトヨタの予想は的中した。

自動車業界では、将来のWTO加盟を見据えて、欧米メーカーによるロシア進出のうごきが活発になっていた。いずれWTOに加盟するとなれば、関税率の引き下げをもとめられよう。したがって、そうなるまえに自動車の関税率をいったん引き上げて壁を高くし、同時に部品のそれを引き下げるなどの優遇策をほどこして、これにより国産メーカーを保護するとともに外国メーカーの進出をうながして自動車産業の発展につなげたい、というロシア政府の思惑が背景にあった。

アメリカのGMやフォード、フランスのルノー、韓国のヒュンダイなどが、はやくも二〇〇四年には現地生産を軌道に乗せていた。GMはヴォルガ河中流域のトリヤッティでロシア企業のAvtoVAZ(アフトヴァズ)と合弁事業（GM-AvtoVAZ）をおこし、フォードは北のレニングラード州のフセヴォロジスクに自社工場を建て、フランスのルノーはモスクワ市政府と合弁企業（Avtoframos(アフトフラモス)）を設立して、それぞれ小型車のノックダウン生産をはじめていた。他方、韓国のヒュンダイは南のアゾフ海に近い地場の工場（TAG-AZ）で委託生産をおこなっていた。ドイツのVWも、モスクワから西のカルーガ州やサンクトペテルブルク市とのあいだで水面下の進出交渉をすすめていた。

やがて、トヨタもそれらの背中を追うように、日本企業の先陣をきってサンクトペテルブルク市郊外に工場を建設する運びとなるのだが、二〇〇四年のこのころは具体的にはまだなにもうごいていない。そして、筆者はこういう状況のなかで、さきに書いたふたつのミッションをたずさえてロシアへ乗りこんだわけである。

ついでながら、この物語における時代の移ろいの遠景において、オイルロケットによる好景気はその後、二〇〇八年秋のリーマンショックによっていったん幕をおろす。

この一〇〇年に一度ともいわれる世界史的な大不況によって油価が一バレル四〇ドル以下にまで急落すると、ロシア経済は風船がしぼむように失速する。翌二〇〇九年のGDP成長率は前年のプラス五・三%から一転してマイナス七・八%へ、まるでつるべを落とすかのように急落した。ロシア経済はリーマンショックに痛打されたのである。自動車の販売台数も二九一万台から一四七万台へと前年の半分にまで落ちこんだ。これによってトヨタのいきおいも衰える。ロシアにおけるトヨタの販売は二〇〇七年には一五万七〇〇〇台まで増えて、その年の全ヨーロッパ販売一二三万九〇〇〇台の一三%ちかくをしめる柱になり、つづく二〇〇八年には二〇万五〇〇〇台の販売を記録するのだが、リーマンショックから明けた翌二〇〇九年の年間販売台数は、なんとその三分の一ちかい七万八〇〇〇台にまで激減してしまった。

資源のとぼしい日本は製造業を鍛えて外貨を稼ぐ以外に道はなかったが、ロシアは豊かな資源がもたらす富の力に恃んで社会を変えることをなおざりにした。それがロシアなのさ、と言ってしまえばそれまでなのだろうが、いずれにせよ、天然資源の輸出のみに偏ったいかにも荒削りな経済だったと断じざるをえない。日本とちがってエネルギーと食糧を自給できることは強みではあるが、原油とガスの市況に大きく左右されるという弱みからのがれられなかった。リーマンショックによって、あえなくもその脆さが露呈したといえる。

いうなれば、わたしはジェットコースターに乗っているようなものだった。急坂を駆けあがっていっきに高みをきわめたのち、真っ逆さまに急降下したのである。

「いきおい余ってつんのめるなよ」

あの日、東京本社の執務室で冗談まじりにそう言って、日本からあかるく笑いながら送りだしてくれた上司にはまことに面目ないが、はからずも、そのとおりになった。

リーンオペレーション

さて、二〇〇四年春、漕ぎだした船の現場である。

着任後、モスクワから本社に宛てた月次報告はつぎのようにはじまる。

——販売は好調です。（中略）モスクワ市内にある競合メーカーの販売店をまわりましても、各社とも需要を過小評価しており、商品の供給が追いつかないのが実情で、市場のポテンシャルは底堅く、かつそのいきおいには力強さを感じます。

順風を満帆にうけた。

二〇〇四年の第1四半期、伝統的なロシア車の売れゆきはそれほどでもなかったが、輸入ブランド車（現地生産車をふくむ、以下おなじ）のほうは前年同期比でプラス八〇％をこえるいきおいで伸び、高価な輸入車が堰（せき）を切ったように売れはじめていた。

トヨタの車もよく売れた。着任した一月には、ロシアにおけるトヨタの販売台数は、まだ月販二五〇〇台ぐらい（レクサスブランドをふくむ、以下おなじ）だったのが、二月二九〇〇台、三月三五〇〇台と春さきへ向けて増えつづけ、四月にはそれが四〇〇〇台をこえて四八〇〇台ちかくになった。

そこで、これをどう舵取りしていくか、である。

ディストリビューター業務の基軸は仕入れと卸売りのバランスハンドリング、いうなれば

「タマ繰り」にある、と理解はしている。タマという言葉はわるいが、商品、すなわち手持ちの在庫のことである。トヨタではこの業務をみじかく「需給」と呼ぶが、そのロジックはトヨタ生産方式にもつうじて奥がふかく、筆者自身いまもって十分には理解できていないのであまりえらそうな口はたたけない。

さいわいにも、前任のNさんがディストリビューター経営の王道ともいうべき指針をさだめて、手がたく実行してくれていた。

すなわち、

第一に、「リーンなオペレーション」、すなわち、ムダのない引き締まったオペレーションをめざすこと。

第二に、値引きは一切しないこと。

第三に、キャッシュ・オン・デリバリーを堅持すること。

おそれながら、これを不肖、筆者の理解でおおざっぱに嚙みくだいていうと、概略つぎのようになろうかと思う。

まず、「タマ繰り」の精度を上げることと管理工数（人手と時間）を増やしたくない理由から、創業当初は商品ラインナップをできるだけしぼる。

具体的には、乗用車系三モデル（カローラ、アヴェンシス〔日本ではなじみの薄い欧州生産モデルのひとつ〕、カムリ）、SUV系三モデル（RAV4、プラド、ランドクルーザー）と商用車のハイエースの七モデル、他方レクサスもフラグシップのLSを筆頭にGS、IS、LX、RXの五モデルに正規導入車種を限定し、かつモデルごとのカラーや仕様のグレードもできるだけ少なくしぼって、とにかくシンプルなオペレーションを心がける。会社としての経験も不足していたし、要員の育成にも時間がかかったので、当面は商品群をあまり拡散させないようにして管理アイテム全体をスリムにしておく必要があったからだ。

タマは弓の弦がピンと張ったように、多少足りない状態でまわすぐらいがちょうどよかった。ディストリビューターにとり、本社への生産オーダーはいわばコミットメント（公約）だ。そこで、生産オーダーはつねに腹八分目ぐらいにとどめておく。いったん弦がゆるんで在庫を過剰にためると売りきるために販促コストがかかったし、そのための余計な工数も必要になった。

つぎに、値引きをせず、長期的な視点で収益性の高いビジネスモデルをめざす。目のまえの台数を追うよりも、むしろ価格の維持とブランドイメージの向上を優先する。販促のために安易に値引きなどすれば、結局はブランドイメージを損ね、先ざきの収益をいためるだけだった。いっそお金をかけるなら、ブランド広告をとことん重視して、将来のための先行投資として広告・宣伝費を投じていく。

そして、債権回収を確実におこなう。そのためディーラーとは、創業時から一貫して現金前払い（キャッシュ・オン・デリバリー）を取引条件とすることに決めていた。むろん、ルーブルが安定するまではドル建てだ。これはディーラーにとってはこのうえなくきびしいものだったが（ディーラーの資金繰りを助ける目的で、ふつうは二、三ヵ月のユーザンスを与える、つまりディストリビューターへの支払いを猶予することが業界の通例だった）、ロシアは金融リスクが高いのでほかに選択肢はない、というのがディストリビューター設立にあたってのトヨタ首脳陣の譲れない考えだった。

それに、こうしておけば債権をいちいち管理する手間もはぶけて人件費の節約にもなった。ちなみにこの条件は、後年、トヨタの金融子会社がモスクワへ進出してディーラー向けの融資をスタートするまで維持された。

この三つの指針は、結果として固定費（つまり人件費である）の増加をおさえて、全体としてムダな仕事のないリーンな経営を実現することにもつながった。人はいったん増やすと減らすのがむずかしい……。

と、こういう具合である。

他方、ディストリビューターの仕事でもうひとつの軸となるのが物流である。

物流では、まず車両の在庫を隣国フィンランドの港に置いていた。ディストリビューターである以上、在庫を近場に持っておきたかったのだが、さりとてロシア国内に置くわけにもいかなかった。なにしろ自動車は一台一台が高価なしろものだ。万一、ふたたび革命でも起きる事態ともなれば、新政権によってまちがいなく没収されてしまうだろう。この点では石橋を叩いても渡らないのが、トヨタの手堅いところでもある。

そこで、創業とほぼ同時にフィンランドに物流子会社を設立し、港に保税ヤードを確保して、そこに在庫をおくことにした。すべての車両はＶＩＮナンバー（車両識別番号）で管理された。そして、ディーラーからのオーダーにもとづいて、入金を確認したうえで車両をリリースする。

フィンランドからの輸送やロシア国内の配送を委託するための信頼できるフォワーダー（元請けの輸送会社）もきまっていたし、それをマネージする腕きき（つまり、税関に顔がきくということ）の物流マンも採用されていた。

したがって、このような骨太の指針とインフラがあり、また組織の基盤や当面の仕事のすすめ方もある程度はすでにお膳立てされていたので、わたしとしてはこれを引き継いで業務をまわし、組織を肉づけし、仕事のしくみをつくりこんでいけばよかった。そして、市場の成長をみながら販売サービス網を拡充し、会社の業務全体を少しずつスケールアップしていく。それは、まだ白い余白が大きく残るキャンバスに新しい絵を描きくわえ、そこに絵具をぬりこんでいく作業に似ていた。

とはいえ、なにせ創業して二年にもならないヨチヨチ歩きの会社である。ディストリビューターとしての仕事もようやく緒についたところで、肝心の車両の通関と配送サービスも、わたしが赴任した一月にスタートしたばかりだった。ロシアの通関手続きは厄介で、なにかと手間のかかる仕事だったので、それまでは商品の輸入認証（輸入するモデルがロシア政府のさだめる品質基準を満たしていることを証明する書類）だけをメーカーの代理人であるロシアトヨタが取得して、あとはディーラーが自らトラックを仕立て、フィンランドの保税ヤードまで車両を引き取りにいって自分たちのリスクで通関していたのだった。

日々の業務のプロセスも開発途上で、経理システムは立ちあがって収支は立っていたものの、先ざきの販売計画や要員計画、予算の策定はおろか、採用のための人事・給与制度をはじめ、経営管理のしくみもととのっていなかった。つまり、航海図はなかった。

そのため、日本からの出向者が中心となって毎朝、現地人スタッフにその日の仕事の指示をあたえ、相談事やトラブルにはその都度その場で対処して、そのようにして日々の業務をまわしながら仕事のすすめ方と段取りを定着させ、他方で経営のしくみをシステムとしてつくりこんでいかなければならないのだ。いうなれば、すべてが走りながらの仕事だった。右肩あがりのもとでの創業とはそういうことだった。逆にいえば、それほどのいきおいで自動車が売れはじめていた、ということだったかもしれない。

兵站線が足りない

モスクワから南東へ四〇キロほどはなれた郊外にジュコーフスキー飛行場がある(最近では国際航空ショーがおこなわれることで航空ファンにも知られる)。まわりには飛行機の試験と設計をおこなう研究所がいくつもあり、実験に使うためのながい滑走路もあった。もともとは軍用飛行場で、この物語のころには施設や敷地の民生利用への軍民転換がすすんでいた。

そのひろい飛行場の片すみに、ロシアトヨタは車両の中継ヤードをもうけ、そこをハブにして国内各地のディーラーへ商品を配送するかたちで物流を立ちあげた。いわば、ハブ・アンド・スポーク方式である。フォワーダーが盗難防止を第一に考えてえらんだのだが、国防省の管理下にあるだけあって、さすがに警備は完璧だった。そして、時間をかけて地域ブロックごとに順次、フィンランドから各地のディーラーへの直送に切りかえていくアプローチをとった。

また車両の通関は、二〇〇四年のこの時期には、まだ通関エリアにおける支店の設置が義務づけられていた。そのため、トヨタのケースではモスクワ以外ではそれができなかった（その後、規制が一部緩和されたことにより、サンクトペテルブルクでもおこなえるようになる）。

それにしても、たとえば月販四八〇〇台のオペレーションを遂行するためには、毎月のべ八〇〇台の大型トレーラーが一車あたり六台の車を積んで、フィンランドの保税ヤードから国境を越えてモスクワ郊外の中継ヤードまで、片道およそ一三〇〇キロの道のりをピストン輸送しなければならないのだ。しかも、その頻度が月を追って増えていくとなれば、これは毎日が、まさしく「未知なる旅」へのチャレンジとなった。

帆を上げはしたものの、とにかく兵站線（へいたんせん）が足りなかった。

まず、なにはともあれ国際陸送のライセンスをもったトラックを確保し、回転率を上げて輸送を加速する必要があった。

そのうえ、通関上のトラブルは日々絶えることがなかった。税関の担当者がかわるだけで朝令暮改さながらにルールが変わったからだ。おまけに、モスクワには北と西の二ヵ所に税関ポストがあるのだが、当局のご都合しだいで前日になって突然、それが変更されることもよくあった。

物流部長のコスチャは、くる日もくる日もトラブルの処理とフォワーダーへの指示に明け暮れた。いかり肩で赤ら顔の、責任感のつよいベテラン物流マンだった。彼は毎日、朝からオフィスの椅子をあたためる暇もなく外へ出かけると、午後になるまでもどってこなかった。また、内陸のモスクワでは、初夏が近づくといきなり冷たいつむじ風が吹いて、暗い空から石ころ大の雹がパタパタと音をたてて降ってきた。五月になると、彼はそれを見越してジュコーフスキーの車両ヤードに保護ネットを張る準備を怠らないのだった。

他方、オフィス内の業務としては、まずその日に輸送する車両一台ごとに必要な通関書類を不備なくそろえ、毎朝、それをまとめて税関へ提出しなければならない（このころには、まだグリーンチャネルと呼ばれる簡易通関のルールはなかった）。書類の作成は経理部の仕事だった。万事が書類社会のロシアでは、車一台を輸入するのになんと二〇枚ちかくもの書類の束が必要だった。経理部ではキーパンチャーを増やして仕事量の増加に人海戦術で対応した。けれど、社内の情報システムは構築途上で毎日のようにトラブルが絶えない。

まえに書いたように、トヨタは債権回収を確実にするため、ディーラーとはキャッシュ・オン・デリバリーを取引条件にしていたのだが、システムがダウンして入金が確認できないと車両をリリースできなかった。経理部長のエレーナは朝からシステム担当者を呼びつけて大声をあげてクレームし、その様子を傍で肩をすくめて聞きながら、若いキーパンチャーたちが黙々とキーボードを叩いていた光景を思い出す。

春さきになると、ディーラーのショールームはどこもお金持ちの個人や家族づれの来店客でにぎわった。とくに赴任してしばらくは、まだルーブルが価値を回復していなかったため（ロシアが一九九八年八月に通貨危機におちいってルーブルを六分の一に切り下げた事情はまえに記した）、ショールームの価格表をはじめ、街角で見かける不動産の広告、レストランのメニューなどはどれもユーロ建てやドル建てで、実際にレストランではユーロ札やドル札での支払いもできるような状態だったのだが、それも経済の好調によってルーブル高が基調になり、ルーブルが信用を回復すると、夏まえにはすべての商品とサービスの売買がルーブル払いに統一された。スーパーの価格表示もルーブルだけになった。トヨタもドル建てからルーブル建てに切りかえた（ただし、その際にドルとルーブルの為替リスクを現地法人が負うかたちで変更したことが、数年後に大きな問題をもたらすことになろうとは、このときはまだ考えていなかったことを注記しておこう）。そして、これにより消費がいっそう刺激されたようだった。

ついでながら、ロシアトヨタではトヨタブランドを〝ビジネスクラス〟、レクサスを〝ラグジュアリー〟と位置づけて、それぞれアッパーミドル（中流の上位層）、エグゼクティブ（一流企業の経営幹部層）をターゲットカスタマーにおいて、積極的にブランドマーケティングをおこなっていた。そして、かつて日本でも使われてお馴染みとなった〝ドライブ・ユア・ドリームズ〟の企業スローガンをテレビやラジオのコマーシャルで流していたのだが（もちろんロシア語である）、そのキャッチコピーがモータリゼーションの波とうまくマッチして、豊かな消費社会へのひとびとの夢をいざなうようにロシア人のあいだでトヨタ車のブランドイメージをいっそう高めたように思う。

販売部では毎日、モスクワのディーラーから移籍したマネージャーを中心に、若いフィールドマンたち（ディーラーをまわって市場情報を収集し、販売動向をチェックする）がそれぞれ担当する地域ブロックの販売店との電話連絡や御用聞きに追われていた。

たしかに需給のさじ加減としては、タマは不足するぐらいでまわすのがちょうどよかったが、ディーラーの店頭では不足をとおりこしてそれが常態化し、ショールームカーまで一台残らず売約済みで、トヨタにかぎらず輸入車のディーラーではどこも予約リストの上位ポジションにプレミアがつくほどの異常なありさまだった。好調な経済を背景に、タマさえあればなんでも売れる完全な売り手市場だったのである。むこう三ヵ月の販売計画は立てた翌月には古新聞と化し、そのたびに上方修正を余儀なくされるうれしい状態がつづいた。需給マネージャーは本社へ送る生産オーダーを慎重に、つまり腹八分目にかたく見積もる一方で、生産車両の配分ではロシア向けの供給を計画よりも一台でも多く増やしてもらえるように胴元のトヨタヨーロッパと交渉した。わたしも社内では需給の手綱をしぼる一方で、タマの不足を本社の上司や同僚にことあるごとに電話で訴えた。

他方、兵站線という点では、販売サービス網の拡充もまた急務だった。モスクワとサンクトペテルブルクの二大都市につづき、ヴォルガや南ロシア、ウラル、さらにそのさきのシベリアなど地方都市の経済も活況を帯びて、輸入自動車が急速に売れはじめていたからだ。そこで早速二月から三月にかけて、ウラル地方の重工業都市のエカチェリンブルクとチェリャビンスク、ヴォルガ河中流域のサマーラなどをかわきりに、スケジュールのあいまを縫って厳冬のロシアをまわりはじめた。

ディーラーのオーナーたちとは、着任してまもなくおこなった社長交代式でひととおりの挨拶をすませていたが、あらためて会ってみると、皆、身なりは紳士クラブのメンバー然としてそれなりに気取っていても、一皮むけばそれぞれにさまざまな個人史を感じさせるツワモノ揃いと映った。けれども、考えてみれば、あのソ連崩壊による大混乱からまだ一〇年そこそこしか経っていないのだ。社会もいまだ成熟していなければ、そこに生きる人々もまた心に余裕など持てるはずもなかっただろう。そしてその点では、ロシアトヨタではたらく若い従業員たちもまた例外ではなかった。これについてはのちほどゆっくり触れようと思う。

機を逃すな

着任して三ヵ月ほどが過ぎた四月はじめごろだったと記憶している。

ある日、東京本社の秘書部から電話があった。男性秘書のなじみのある野太い声だった。

「ロシア政府との交渉をいったいいつになればはじめるおつもりか、奥田会長が気にかけておられます」

と、その声は言う。

「失敗してもたかが知れとるぞ。ロシアへ乗りこんで交渉をはじめてくれ」

思い起こせば、たしかに赴任まえの挨拶にいったとき、会長の口からはっきりそう言われはしたものの、相手はトヨタにとって未知なるロシアだ。言葉どおり実行してよいものかどうか、ずっと半信半疑のままでいた。それに、販売マーケティング会社の社長として赴任した自分が、そもそも畑のちがう生産プロジェクトに部門の垣根を越えてどこまで足を踏みいれてよいものか、という迷いもあった。ディストリビューターの仕事については、ふつうは親会社のトヨタヨーロッパと相談して決めればよかったが、生産プロジェクトの企画となるとまた別で、この時期にはもっぱら日本の本社の企画部署が中心となっておこなっていた。そのため、もうひとつのミッションについて、わたしは本社から指示がおりるのを待っていた。

「奥田さんはほんとうにやるおつもりですか?」

「それはご本人に確認してください」

「ちなみにヨーロッパ方面へは、近場では六月上旬に国際労働機関(ILO)総会があってスイスへ出張される予定もありますが……」

とも言う。ならば、渡りに船だった。この件は電話ですませるべきことではない。とにかく会って、顔を見ながら考えを訊いてみたい。多少間があくことにはなったが、それから動いても遅くはないだろう。その機会をとらえてわたしもジュネーブへ出張し、真意をたしかめることにした。

当時の手帳に、六月十一日(金)ジュネーブ出張、一四時ホテルロビーにて出迎え、とある。日本を発つまえに挨拶して以来、およそ半年ぶりの再会である。悠揚としておおがらな姿が懐かしかった。ジュネーブ市内のILO総会がひらかれたホテルからほど近い日本レストランで、醬油ダレのきいた焼き鳥を頰張りながら、こんなやりとりをしたのを憶えている。

「ロシア経済はどうだ? 今年はなん台ぐらいいきそうか?」

会長が、もともと旧自販の出身だったことはまえにもふれた。工場の稼働を維持することは、メーカーとしての要諦であるとともに、セールス部門の最大の責務でもある。会えばかならず、まず市場はどうだ？　販売はどうだ？　からはじまった。そうしたやりとりは、会長が海外の拠点長と会うときに交わす挨拶がわりのようなものだった。そして、販売（開発・生産部門に対して営業部門のこと）が小さくまとまるようになってはいかんですよ、というのも、ふだんからの口癖だった。

さて、市場と販売の見通しについてみじかくやりとりしたあとで、

「（ところで）本当に会談をセットしてもいいのですか？」

と、単刀直入に切りだすと、

「のんきに構えとると（他メーカーに）さきを越されるぞ」

と、いつもの胴間声で一喝された。

そう言われてみれば、わたしにも心あたりがないわけではなかった。五月末ごろ、日本のライバル企業のヨーロッパ法人から代表団がロシアをおとずれて、GAZ（ガズ）をはじめ、UAZ（ウアズ）、AvtoVAZなど主要な自動車工場を視察したらしい、という情報がディーラーから届いていた。そのメーカーは、トヨタよりも一年半ちかく遅れてその年の一月にモスクワに現地法人を設立し、トヨタのショールームをつぶさに視察するなどして販売ネットワークの整備を急いでもいた。

切り込まざるを得ない。ビールをぐいと飲み干して、わたしも肚をかためた。

「交渉の相手はだれにしましょう。はじめから大統領とのあいだで仕切りますか？」

と、そう見得は切ったものの、ロシアへ来てまだ日も浅く、クレムリンの主とのアポイント

メントをとれる確信はなかった。

「そこは君にまかせる。早いほうがいいぞ」

おそらく、機を逃すな、ということだったのだろう。なにごとにもタイミングというものがある。とくに交渉ごとは、相手が切望しているときに他にさきんじて仕掛けることができるかどうか、ここにその後の成否がかかっている。

あるいは、会長にはそのとき、なにかしら思うところがあったのかもしれない。

実は会長自身は、それより少しまえの四月なかばに第一回の日ロ賢人会議へ出席するためにモスクワをおとずれており、その折にプーチン大統領とも面識を得ているはずだった。日ロ賢人会議は小泉政権の時代、日ロ平和条約締結のための環境整備の一環として、森喜朗元総理とルシコフ・モスクワ市長（当時）が共同議長となってモスクワと東京で毎年交互に開催された。会長も日本の経済界を代表してそのメンバーのひとりになっていた。

わたしのほうは、あいにく汎ヨーロッパの年次会議があってモスクワを留守にしていたため、このときの会議のことをよくは知らない。わたしからも訊かなかった。指示だけを出して、あとは部下にまかせる。会長はそういうタイプの上司だったが、とにかくプーチンと会え、と言われなくて内心ほっとした。

ロシアプロジェクト

さて、ここで時を赴任まえまでさかのぼり、トヨタのロシアプロジェクトのいきさつについて少しふれておこうと思う。

さきに、ロシア進出のことは社内で奥田プロジェクトと呼ばれていた、と書いた。ロシアに工場をつくることについて、そのひとがわたしたちのまえではじめて自分の意思らしいことを吐露したのは、筆者がモスクワへ赴任する二年ちかくまえの二〇〇二年の春、ベルギーのブリュッセルにあるヨーロッパ統括会社でおこなわれた年次会議でのことだった。

その日の夕方、すべての報告が終わったあと、まとめのコメントをもとめられた奥田会長が、

「ロシア東欧戦略についての報告は重要な問題提起だった。次回の報告に期待したい」

と、最後にみじかくふれて報告者とそのチームにエールを送ったのだ。肝心の報告がおこなわれていたときは、いまにも椅子からずり落ちそうになりながら、トロトロといかにも気持ちよさげに昼寝をむさぼっていたはずなのに。

ロシアは巨大な資源国で、将来の成長が期待できる有望市場だ。よって、つぎはここに楔(くさび)を打つことを考えたい。とはいえ、いまだ共産主義が抜けきれていないため、政治的にも経済的にもリスクが大きい。いかにトヨタといえども迂闊(うかつ)に手を出せる市場ではないだろう。しかし、だからといってふつうの国になってから出るのでは遅きに失しよう。そこで、まずは担当部のなかでプレリミナリーな検討をスタートさせ、社内の理解をもとめつつ徐々に合意を形成し、情勢をみて最終的にどうするかを決めればよい……、ということのようだった。

もっとも、会長本人が自分の口からはっきりそう言った、というわけではない。会議に出席した地域担当の役員やヨーロッパ戦略の立案にたずさわる幹部を中心に、まわりの皆があれこ

れと鳩首（きゅうしゅ）評しながらそのような理解に落ちついた、ということにすぎないのだったが。そのひとには、経営者としての大局観のようなものがあった。否、正しくいえば、まわりが勝手にそう思っていた、ということだったかもしれないのだが。つまり、皆のカリスマだった。

が、それはともかく、いったんそうと決まると動きは速かった。わたしが言うのも変だが、ここがトヨタのすごいところでもある。新しい工場をつくるための発議は、まず市場の動向をみている営業部から上がり、営業部門からの正式なリクエストを受けて生産部門を巻きこむかたちで全社的なフィージビリティー調査へとすすむのがふつうだった。

ただちに関係者のあいだに手書きのメモがまわった。ちなみに社内では、これを「展開〈テンカイ〉する」という。ついでながら、部署の垣根を越えてひとつの情報を共有することを「横展〈ヨコテン〉する」という。おなじテーマに横断的に取りくむときには「横串〈ヨコグシ〉を刺す」といったりもする。入社したばかりのころはこうした言い方がユーモラスで妙に新鮮に感じられたものだが、それはともかく、メモのテンカイをうけて海外営業部のなかに少人数のプロジェクトチームができ、半年ごとに中間報告をかさねて役員の指示をあおぐことになった。それと同時に、四半期ごとに調査の進捗を確認するための小会議もセットされた。こうして仕事の大日程（スケジュール）が決まると、つぎの期限をめざして皆がいっせいに走りだすのである。

わたしもそのメンバーのひとりだった。マイルストーンとなる会議が近づくと残業がつづいた。機密保持の文化のせいか、ふつう社内の会議は英語の頭文字をとってＥＣ（European

Conference＝欧州会議）とかＥＥＣ（European Executive Committee＝欧州幹部会）とかいうぐあいに簡略化して呼ぶことが多かった。似たような略語ばかりでとまどったものだが、慣れてしまえば日本語で言うよりもずっとシンプルで、そのうえ時間も節約できて合理的だとわかった。

深夜、ひと気もまばらな静まりかえったフロアーで、近くの席から「歌姫」の異名をとるかのシンガーソングライターの音楽がながれてきた。若い部下のひとりが眠気覚ましに、イヤホンをせずにＣＤを聴いていた。その彼のつかれた横顔とともに、いまとなっては懐かしく思い起こされる。

けれども、巨大な組織をうごかすことは難儀だった。「ロシアの案件です」と切りだすだけで誰もがまず身をひいた。ロシアときけば、とにかく「暗くて怖い共産主義の国」というイメージしかなかったのである。

そのうえ、豊田市本社の生産部門には、東京の海外営業部門とちがって口べたでどことなく野暮ったい風情の男たちが多かった。偏屈で知られる幹部も多くいた。トヨタには「肚におちる」という独特の言いまわしがある。「腑（ふ）におちる」とはいわない。三河の田舎ザムライの血を引くせいかもしれない。食べた物がきれいに消化されてストーンと下腹の底に落ちるように（「ハラ落ちする」などともいう）、自分がとことん納得するまでうごこうとはしないのだ。

他方、入社してしばらくするうちに、わたしは、ふたつの本社のあいだにカルチャーのちがいともいうべきものがあることに気づいていた。愛知の製造は乾いたタオルをしぼるように原価を「つくりこむ」（この言いまわしも製造業ならではである）のが仕事、かたや東京の営業は

「いつかはクラウン」と夢を売るのが仕事である。両者のあいだには、いうなれば剛と柔のちがいがあった。工場ではたらくエンジニアたちが油や泥をいちいち気にしていたのでは仕事にならないが、営業部のわたしたちはネクタイを欠かさず、身だしなみに気を配らねばならない。そこには、単に場所が遠くはなれていることとは別の意味で、互いの領分のちがいと敷居のへだたりがおのずとあった。

要するに、おなじひとつ屋根の下にいながら、気のおけない関係というわけではなかった。おまけに、こちらはよそから転職してトヨタではたらいた経験の浅い新参者である。同期入社の仲間もおらず、数人の若い部下たちだけが頼りだった。覚悟はしていたものの、なかなか相手にしてもらえないもどかしさがあった。

だが反面、「継続は力なり」という企業カルチャーもある。入社したその日に配属先の部長からアドバイスされたのもそれだった。なにごともあきらめずに真面目につづければ、かならずいつか形となってあらわれる。つまり、「愚直であれ」ということだ(ちなみに、このときの部長のAさんが、その後トヨタヨーロッパの社長になり、ロシアトヨタ時代をつうじてなにかと世話になる)。

それに、三河人には「情」というものもあった。ねばりづよく誠意を尽くしてなん度も足をはこび、おたがいに顔と名前の知れるほどの間柄になれば、そのうちに相手も折れて、こうしたらどうか、あのひとに相談してみてはどうか、といったアドバイスをくれるようになる。情にほだされやすいのも三河人だった。会議中に手きびしく意見したあとで、「一服やらんか」

と誘って廊下でタバコをくゆらせながら助言してくれる幹部もいた。そうなれば、しめたものだった。最後には、役員も「わかりました」と言いながら書面にサインし、「ご苦労さん、がんばってください」と声をかけてあたたかく励ましてくれるのだった。役員の決裁が赤色鉛筆によるサインだったことも、外から来たわたしにはどことなく製造業の伝統のようなにおいがして新鮮に感じられたものである。そして、そういう日々の繰りかえしのなかでわたし自身も鍛えられ、しだいにトヨタの仕事と社風にどっぷりと浸かっていったように思う。

やがて、社内に少しずつ理解者が増えて、一年後には生産部門を巻きこんで、ロシアの工場視察をふくむ本格的な調査に乗りだすところまでくる。

調査隊を派遣する

二〇〇三年二月下旬、わたしは厳冬のロシアにいた。四月に予定されていたつぎの年次会議で報告するために、生産プロジェクトの企画マンや生産技術のエンジニアたちとともにロシアの伝統的な自動車産業地帯を視察したのである。

モスクワから南東へ五〇〇キロから九〇〇キロほどはなれたヴォルガ河の中流域に沿った一帯に、ソ連時代に設立された国産の自動車メーカーや部品サプライヤーが群れをなしていた。まず、北のニジニーノヴゴロドから入って中型車「ヴォルガ」を製造するGAZ（ゴーリキー自動車工場の略、一九二九年創業）を視察。そのついでに周辺の板ガラス工場（日系のヨーロッパ法人が出資していた）やエンジン工場を訪ねたあと、ヘリコプターで南へ飛び、四輪駆動のオフロード車を生産するＵＡＺ（ウリヤノフスク自動車工場の略、一九四一年創業）を訪問して、最後にトリヤッティで小型車「ラーダ」を製造するAvtoVAZ（ヴォルガ自動車工場の略、一九六六年創業）を視察した。

途中、ウリヤノフスク（二月革命の英雄、レーニンの生誕地である）からトリヤッティへはおよそ二〇〇キロの夜道を車で移動した。視察を終えてＵＡＺの本社を出るころには、すでに夜の七時をまわっていた。そのうえ雪が舞いはじめていた。雪はやがて本降りに変わった。わたしたちは降りしきる雪のなかをロシア製の四輪駆動車二台で移動した。一台でも足りたのだが、ＵＡＺ社の深慮により、万一にそなえて新車を二台用立ててくれたのだった。むろんドライバー付きである。

「残念ながら貴社のランドクルーザーとはちがいます。一台は吹雪のなかで故障したときのための命綱として使ってください」

ＵＡＺ社の担当者が、ウインクをしながら流暢な英語ではにかみがちにそう言った。シカゴのビジネススクールで経営学修士（ＭＢＡ）を取得したのち、ロンドンの会計監査事務所に勤務したキャリアをもつスマートな紳士だった。名刺には経営戦略を担当する役員のタイトルが記されていた。いまふりかえると、トヨタの投資への期待がそれだけ大きかったのだろうと思う。

氷点下一九度、真っ暗やみに白一色の雪原だった。ガードレールは雪にすっぽり埋もれていた。そのほとんど道なき道の暗やみを、雪けむりを巻きあげながら時速九〇キロをこえる猛スピードで疾走していくのである。まえを行く車のふたつの赤いテールランプと対向車のヘッドライトだけが頼りだった。ときどき、片方のライトしか点灯せずに、まっしぐらにこちらへ向かって突進してくる(ほんとうにそう見えた)車もあった。とても生きた心地がしなかった。そのうえ、エアコンの効きもわるく、窓枠は硬く凍りついて氷結していた。わたしたちは厚手のコートの襟を立て、皆黙りこんだまま、手すりを固く握りしめてただじっと前方を見つめていた。

夜遅く、ようやくトリヤッティのホテルまでたどりついた。ふたりのドライバーに、その晩はいっしょに泊まるようにすすめたが、「ボスからもどるように指示されています」とだけ言い残すと、ふたたび吹雪の夜道を引きかえしていくのだった。この社会ではボスの指示に絶対服従なのだとわたしは思った。

実は、この二月の現地調査には後日譚がある。

帰国後、出張中に撮影したビデオテープを編集して、当時、トヨタ記念病院で療養中だった故豊田英二最高顧問に秘書を介して見せたことがあった。トヨタには現場主義の社風が根づいている。「現地現物」という独特の言いまわしもある。そのため営業部では、現地で自分たちが見たままの観察調査の報告手法としてビデオカメラの動画をよく使った。

ところが、である。なんと驚いたことに、病床の英二氏がビデオに映ったニジニーノヴゴロド市の光景をみて、「もしや、これはゴーリキー市ではあるまいか」とつぶやいたというではないか。これを知ってわたしは度肝を抜かれる思いがした。ニジニーノヴゴロド市こそは、ソ連時代の「ゴーリキー市」にほかならなかった。この地で生まれた文豪マクシム・ゴーリキー（一八六八―一九三六）にちなんで名づけられた。つまり、英二氏が明察したように、その映像はまぎれもなくそのゴーリキー市のものだったのである。

もっとも、最高顧問自身がゴーリキー市を訪れていたわけではないはずだ。英二氏は若いころにアメリカへ渡り、デトロイト近郊のディアボーンにあるフォード本社とその工場群で短期間、研修を受けたことがあった。朝鮮戦争の特需により、トヨタが戦後の経営危機から抜けだしはじめたころである。創業者でいとこの豊田喜一郎氏（豊田佐吉翁の長男）らの命をうけ、トヨタの将来にそなえてアメリカのビッグ3のひとつから自動車の大量生産技術を学ぶためだったという。

後年、豊田英二氏は著書『決断』（日本経済新聞社、一九八五年）のなかでつぎのように記している。

――米国へは（一九五〇年）七月に旅立ち、丸三カ月いた。前半の一カ月半はフォードで勉強し、後半は米国各地の機械メーカーを見て回った。（中略）／私が訪米した当時のフォードは、創業者のヘンリー・フォードが三年前に亡くなり、孫のヘンリー・フォード二世が社長になっていた。フォード二世は、「おじいさんのやっていたことは非常に古くさい。自分が社長になった以上、近代経営に徹したい」と意気込んでおり、あっちこっちから学者を集め、近代経営推進のためのチームづくりをしていた。

もともとGAZ、ゴーリキー自動車工場は、第一次五ヵ年計画下の一九二九年に、そのおじいさんの時代のフォードとソ連政府の共同事業としてはじまった。そして、ソ連初の中型乗用車GAZ-A型は、GAZがA型フォードの中古の金型とプレス設備を買い取ってライセンス生産したものだった。ニジニーノヴゴロド市内のまんなかにGAZの工場群があり、敷地を囲んで高い塀が延々とつづいていた。おそらく英二氏は、デトロイト滞在中のなにかの機会に、フォードの代表団がGAZとの提携交渉にのぞむために往時のゴーリキー市を訪れたとき（あるいは、工場のラインオフ式〔最初の一台を出荷するときのセレモニー〕に招かれたのかもしれない）の写真を見たことがあり、筆者たちが撮影して持ちかえった現在のニジニーノヴゴロド市内のビデオ映像を見て、その時の記憶がよみがえったのだろう。

すでに米寿を過ぎていた最高顧問にとり、それは五〇年以上もまえのできごとだったはずである。若い後輩たちが持ちかえった現代ロシアの映像は、かつて自分が若いころにデトロイトで見たことのある写真の記憶を彷彿させた。当時、トヨタは戦後の経営難と労働争議を乗りきった矢さきだった。そして、それから半世紀以上が過ぎたいま、トヨタはアメリカのビッグ3をおびやかして世界の自動車産業をリードするグローバルプレーヤーの一角をしめるまで成長し、GMやフォードのあとを追ってまさにそのソ連崩壊後の市場経済化に沸くロシアへ進出しようとしていた。GMは、早くも二〇〇一年にトリヤッティにあるAvtoVAZの敷地内で同社とともに小型SUVの合弁事業を立ちあげていたし、またフォードはその翌年にサンクトペテルブルク近郊でフォーカス車のノックダウン生産をはじめていた。わたしは老いてなお衰えぬ英二氏の記憶のたしかさに驚かされるとともに、トヨタとフォードという太平洋を越えた日米ふたつの自動車メーカーの歴史的な因縁と、世界の自動車産業史の変転について思うのだった。

春の年次会議は、とくに紛糾することもなく終わった。準備に費やした日々の苦労を思うと、むしろあっけなく感じられた。あの、小さく生んで大きくそだてる、である。さまざまなリスクを考えて、初期投資はできるだけ少なくおさえてスタートし、その後、市場の動向をみて、また生産の実力をつけながら、少しずつ投資を追加して大きくそだてていけばよい。企画マンはうまいフレーズを考えついたものである。あらためてそう思う。どうやら進出に向けた社内合意は形成されつつあるようだった。ただ、そんな会議のなかでひとつだけその後の語り草になったことがあるとすれば、報告のあいだじゅう、例によってそのひとが、隣にすわる豊田章一郎名誉会長の肩にいまにも凭(もた)れかからんばかりにぐっすり寝入っていたことだ。小柄な名誉会長のかたわらで、大きな胴体がときに左右にグラッとゆれた。その様子を、わたしたち事務方ははらはらしながら見つめていた。

その後、その年の六月にはこんどは生産部門担当の副社長が、つづいて九月には会長であるそのひと自身がいよいよロシアを訪問した。進出を決める段になり、ロシアがどれほどの国か、自分の眼でたしかめておく必要があったのだ。わたしもふたつの出張に同行した。もちろん、ここでも現地現物アプローチを怠らない。たとえば、AvtoVAZのエンジンショップでは、副社長が通路のわきに落ちていた砂型のかけらを拾いあげると、手のひらのうえで砂つぶを指さきでこすって吟味し、さらにそれをペロッとなめて小首をかしげ、鋳造部品の品質レベルまでチェックしてなにやら得心したようにニヤリとするのだった。さすがに、これにはAvtoVAZの案内役も呆気にとられていたものである。

こうした視察時の様子がモスクワの中央政府に逐一報告されていたことはいうまでもない。政府からは、すべて見せるようにという指示が出ていたこともあとで知った。ロシア政府が外国メーカーの進出にいかに大きな期待を寄せていたか、うかがい知れよう。そして、トヨタはこれら一連の調査をつうじてロシアの自動車産業の実力を慎重にみきわめつつ、地場の国産メーカーと合弁するのではなく、自社一〇〇%出資の単独でロシアへ進出する方向へと方針を固めていったのである。

このころ、いっとき社内でロシア慎重論が鎌首をもたげたことがあった。そのきっかけが、二〇〇三年七月に起きたユーコス事件だった。当時、ユーコス社はロシア第二の石油会社だったが、プーチンはオーナーで最高経営責任者（CEO）のホドルコフスキーを脱税容疑で逮捕し、さらにはユーコス社そのものを解体したのだった。事件についてはのちにもふれるが、ロシアは民間から石油会社を奪いとって国有化するようなあぶない国、プーチンは政敵を逮捕してシベリア送りにするような怖いヤツ、そういう国にトヨタは工場なんかつくって大丈夫か、という意見が持ちあがった。

わたしは、そもそもエネルギー資源の開発事業まで民営化し、しかもその開発権益を欧米のオイルメジャーに売り渡すような気前のいい国など世界のどこにも存在しない、ましてやこれから発展をめざそうとする新興の国が貴重な天然資源を国の資産として戦略的に活用しようとするのはむしろ当然のこと、だからこそロシアの将来は買いなのだ、市場経済化は後もどりしないだろう、と自説をといた。そして、そういう社内のうねりのなかで、翌二〇〇四年一月に筆者自身がモスクワへ乗りこんで、ロシア政府との交渉をスタートさせる役割をになうことになるのだった。

鍬を入れる

さて、ジュネーブからもどったわたしは、最初の交渉相手として経済発展貿易省（現在の経済発展省）のゲルマン・グレフ大臣（当時）にねらいをさだめた。この省は経済政策の基本方針を立案するとともに、外国企業の投資を呼びこむための政府の窓口でもあった。また、グレフ大臣はプーチン大統領とおなじサンクトペテルブルク出身のブレーンで、リベラルな考え方にもとづいて「中期社会経済発展プログラム」をまとめたエコノミストとして知られてもいた。

わたしはただちに、いずれこういうこともあろうかと、かねて懇意にしていたモスクワのアメリカ商工会議所（通称AmCham（アムチャン））のS会長とコンタクトし、彼を介してグレフ大臣との面談を秘密裏にセットした。S会長はGMやフォードのロシア進出にも一役買ったと聞いていた。それになによりも、トヨタから直接大臣室の秘書官に連絡などすれば、国際関係部の日本担当官が嗅ぎつけて（ロシアの省庁にはたいてい渉外を担当する国際関係部があり、そこに日本語を話す専門官が配置されていた）、情報が外へ漏れるおそれがあったためだ。

グレフ大臣との面談は、二週間後の六月二十九日（火）の一二時半と決まった。いかにも急なスケジュールだったし、直前の週末の金曜日にトヨタ本社の株主総会が終わったばかりのタイミングだったので、はたしてそのような時期に幹部役員がモスクワまで出張できるのかどうか危ぶまれたが、トヨタを代表して、わたしを日本から送りだしてくれた上司のひとりで、社内外で「鬼軍曹」の異名をとり、欧州アフリカ地域を担当する専務がすべての予定をキャンセルして駆けつけてくれることになった。

経済発展省の建物はダウンタウンのトヴェルスカヤ通りの一角にあった。出迎えの秘書に案内されてエレベーターで階上へあがり、赤い絨毯（じゅうたん）を踏んですすんでいくとしだいに緊張が高まった。

はたしてその日、鬼軍曹はおもむろにこう切りだした。

「私どもには近い将来、ロシアで生産事業を検討する用意があります」

「トヨタの進出を心から歓迎し、ロシア政府として最大限の協力を約束したい」

鬼軍曹は、そこでひとつ咳払いをした。

「いやいや、まだ決めたわけではありませんが……」

緊張のためか、声がいくらかうわずって聞える。

「トヨタにぜひともロシアで自動車を生産していただきたい」

このやりとりを横で聴いて、わたしは思わず、しめた！ とテーブルの下の拳に力が入った。トヨタに進出してほしいというロシア政府の明確な意思が確認できたのだ。これでトヨタは今後、有利な立場にたって交渉をリードすることができるだろう。

大臣の手もとに一冊の本が置かれていた。表紙に"TOYOTA PRODUCTION SYSTEM"とある。装丁からみるに、英語からロシア語に翻訳された海賊版のようだった。それに目を留めながら、鬼軍曹が気迫を込めて言葉をつなぐ。

「トヨタがロシアで成功するかどうかを世界中の自動車メーカーが注目しています。日本では、わたしどもと付き合いのあるたくさんの部品サプライヤーも注目しています。トヨタのロシア進出が成功すれば、他社もかならずや追随するでしょう」

「具体的な要望があればうかがいたい」

「まず、工場用地を紹介ねがいたい」

「極東はどうか?」

ロシア政府にとり、過疎化がすすむ極東に日本企業を誘致することは優先的な課題だった。

だが、トヨタにその考えはまったくなかった。

「メーカーにとっては市場に近いところで生産することにこそ意味があると考えています」

「わかった。それでは関係する地方政府と協議したうえで、後日提案することにしたい」

「今後、おたがいのコミュニケーションが混乱しないよう、交渉の窓口をひとつにさせていただきたいと考えます。窓口は貴方の省でよろしいですか?」

「もちろん、よろしい」

鬼軍曹がすかさず押す。

「できれば、この場で担当者をご指名いただきたい」

「本日ここに同席しているL部長を本件の担当者として指名する」

ここまでが前半の大きな山だった。

そして、概略こういうやりとりがあったあと、鬼軍曹はあらかじめ用意した進出条件リストをファイルから取り出して、ひとつひとつ慇懃に読みあげた。これに大臣が〝ダー〟、〝ダー〟（ロシア語で〝イエス〟の意）と、ほとんど淀みなく応じる。ときに、どういう意味か？と質すことはあっても、〝ニェット〟（おなじく〝ノー〟の意）と返すことはなかった。後日、本社のプロジェクトチーム内で「ダー・ダー・リスト」と呼ばれることになった所以である。ロシア政府はそれだけトヨタの進出に期待したということだったのだろう。

最後に、鬼軍曹はこの会談が「極秘」であると釘をさすことを忘れなかった。

ともあれ、こうして秘密交渉のサイは投じられた。この日、トヨタはロシア政府から全面的な協力を取りつけた。そして、グレフ大臣が指揮する経済発展貿易省を窓口として、工場用地の選定と進出のための条件を具体的に詰めていくことに合意したのだった。

帰り際、国際関係部の日本担当官が歩み寄ってきて、けわしい顔でわたしにクレームした。

「どうして自分をつうじて大臣のアポイントメントを取らなかったのですか？」

モスクワの高級レストランで日本企業の駐在員らしき紳士たちと食事をしていた人物だった。日本大使館主催のレセプションでも見かけた顔だ。彼の顔をつぶすことにはなったかもしれないが、AmCham の知人を介したのは正しかったようだった（もっとも、アメリカ大使館のほうへはそっくり筒抜けだったのだろうが)。

グレフ大臣との会談後、わたしたちはその足で首相府と大統領府を表敬訪問し、会談の要旨を報告した。それを怠らないことがロシア政府に対する礼儀になると思われたし、またそうすることによってグレフ大臣との合意を揺るぎないものにすることができると考えたからだった。いわば保険である。きっと、それまでフランスやポーランドへ進出したときもおなじようにしてきたのだろう。こういう後処理のルーティン(定常的な手続き)を怠らないこともまたトヨタのそつのないところなのだと、わたしは身内のことながらも感心した。

なにしろ、重要事項は大統領本人につたえる必要があるのがロシアという国だった。そのため、大統領へのレポーティングの要路をおさえておく必要があった。首相府ではナルィシキン官房長官(当時、以下おなじ)と会見した。また、大統領府ではメドヴェージェフ長官と会うことになっていた。しかし、プーチン大統領に呼ばれたまま戻らなかったため、経済を担当するシュワロフ大統領補佐官が代わって応対してくれた。

その後、メドヴェージェフが第一副首相をへて、二〇〇八年五月にプーチンと交代して大統領に就任すると、プーチン配下のナルィシキンがその目付役として大統領府長官に任命される。他方、グレフは下野してロシア最大の国営ズベルバンク(旧ソ連国立貯蓄銀行)の総裁に、そしてシュワロフはプーチン内閣のナンバー2、第一副首相に抜擢される。期せずして、トヨタは一日にしてたいへんなロシア人脈を持つことになったのだった。AmChamのS会長のところへは後日、わたしから丁重にお礼の報告にうかがった。

結局、およそ半年間にわたる調査のすえ、工場の進出先はサンクトペテルブルク市郊外のシュシャリ地区に決まり、鬼軍曹とグレフ大臣の頂上会談からほぼ一年後の二〇〇五年六月十四日に、晴れてプーチン大統領を招いて鍬入れ式がおこなわれた。「鍬入れ式」とは、工場用地の土を関係者全員が鍬で掘りおこすトヨタ創業以来の伝統的セレモニーのことである。いったん鍬を入れたからには撤退はしない、という固い決意を皆で土にきざむためだという。だから、トヨタでは「起工式」とはいわない。海外では〝グラウンド・ブレーキング・セレモニー〟(Ground Breaking Ceremony)と称している。また、公式的なプロセスとしては「鍬入れ式」につづいて「棟上げ式」がある。いわゆる「建てまえ」のことだが、餅やおひねりはまかない。

候補地の選定では、物流の利便性や市場への良好なアクセスなどに加えて、駐在員をはじめ、立ち上げ期の生産支援のために日本から送りこまれるおおぜいの長期出張者の生活環境なども重視された。また、選定の過程では、サンクトペテルブルク市からマトヴィエンコ市長が自ら日本へ乗りこんで熱心に誘致したとも聞く。

進出先が決まったことを受けて、赴任するまえの二〇〇三年に国産メーカーの現地視察でお世話になった沿ヴォルガ連邦管区のキリエンコ大統領全権代表にも、プレス発表にさきだって補佐官をつうじてお礼とともに報告した。相手の立場をおもんぱかってか、本社からの指示メールには「対外公表の前日に」という但し書きがそえられていた。キリエンコさんとは、その後モスクワにところをかえてながい付き合いになった。同氏はその後国営ロスアトム(ロシア原子力)総裁をへて、プーチン大統領のもとで大統領府第一副長官(内政担当)に抜擢された。

ちなみにあの日、雪の降りしきるウリヤノフスクでわたしたち一行を見送ってくれたUAZの担当者は、その後モスクワの中央政府にヘッドハンティングされて、産業貿易省で自動車・造船部門を担当する次官までのぼった。モスクワでは家族ぐるみの付き合いになり、わたしの在任中をとおしてトヨタのビジネスをなにかとサポートしてくれたことはいうまでもない。

また、グレフ大臣の手もとにあったあの本は、どうやら単なる飾り物ではなかったとみえる。ズベルバンクへ移ったのち、トヨタの本社に研修チームを派遣してトヨタ生産方式を幹部に学ばせ、〝TPS〟(Toyota Production System の略)ならぬ〝SPS〟(Sberbank Production System)と名づけて銀行業務の改善に取りいれた。わたしも従業員の給与口座をズベルバンクに開くなどして期待に応えた。

ステップ・バイ・ステップ

当初の計画では、赴任一年目の販売として、なりゆきベースで前年実績に九〇〇〇台上乗せして年間三万五〇〇〇台(対前年比三五%増)も販売できればいいだろうと考えていたのだが、九月末には年初からの累計ではやくも三万二〇〇〇台にせまった。受注残も常時一ヵ月分をゆうにこえてたまるようになった。うれしい悲鳴ではあったが、会社としてはなにもかもが不足しており、経営のほとんどすべての分野で課題は山積していた。

カスタマーに対するアフターサービスの充実にも重点的に取り組む必要があった。

部品倉庫については、四月に部品担当のコーディネーターがあらたに日本から送りこまれ、六月にシェレメチェヴォ空港の近くに倉庫を借りて引っ越したばかりだったにもかかわらず（それまではモスクワのディーラーの倉庫スペースを借用していた）、折からのＵＩＯ（Units in Operation の略。中古車をふくめた自動車の全保有台数）の急増により、これも二、三年後には容量不足をきたすことがほぼ確実になり、早くもつぎの倉庫スペースをどうするかを考えなければならないような状況だった。

販売店におけるサービスショップの不足も深刻だった。利用効率を上げるため、春さきにモスクワ市内の四拠点から順次、三直（交代）二四時間サービス体制へ移行していたが、地方都市での販売サービス網の拡充は一部をのぞいてまだこれから着手するというのが実情だった。広大なロシアで、モスクワとサンクトペテルブルクの二大都市以外は、トヨタにとってほとんど手つかずのフロンティアといってよかった。ウラル山脈の西には、母なるヴォルガの流域に古くから河川交通で発達した商工業都市が集中していたし、上流のウラル山中には豊富な天然資源鉱山を後背地とする重工業都市が鈴なりだった。また、山脈を越えた東にひろがるシベリアは原油、天然ガスをはじめ、木材や石炭の一大産地であることに加えて、モンゴルに近いアルタイ山脈の北には鉛や亜鉛の有力な鉱山もあり、アルミニウム精錬のクラスノヤルスクや、研究開発都市として発展したノヴォシビルスクなどの一〇〇万人都市もいくつかあった。

販売部長は、モスクワとロシア全土の二枚の地図を壁にはって開発プランの検討に余念がなかった。二大メトロポリタンのモスクワとサンクトペテルブルク以外に一〇〇万人都市は一二ヵ所あった。これらの都市を中心に、人口はそれほどでなくても原油や天然ガスをはじめ重要産業が立地するなど優先度の高い都市には赤いピンが、またそのうち本格的な店舗を建設中で、すでに仮設店舗で営業しているところには黄色いピンが打たれていた。

トヨタ店だけでなく、高級ブランドのレクサス店の開発も課題だった。

車両整備士を教育するためのトレーニングセンターも、早急に移転先をさがす必要があった。それまではディーラーの地下室を借用していたが、これでは設備やスペースの両面でそもそもキャパシティが足りていなかった。

「とにかくステップ・バイ・ステップでいこう」

従業員には毎日、そう呼びかけた。

同時に、総務マネージャーに指示して当月をふくむ向こう三ヵ月の会社全体の業務カレンダーをつくらせ、毎週月曜日の朝、アシスタントマネージャー以上を会議室にあつめて先ざきの予定を全員で共有するとともに、各部ごとにやるべきことをリスト化し、計画と実績を比較して課題を明確にし、毎月それをローリングしながら、すべての業務でPDCA（Plan［計画］、Do［実行］、Check［確認］、Action［改善］の略）サイクルをまわすように指導した。そして、ひとつひとつの仕事を確実におこなって、その結果を検証しながら仕組みとして定着させ、それを丹念に積みあげるかたちで業務全体をスケールアップしてまえへすすめた。

モスクワでの通関が軌道に乗ると、八月にはあらたにサンクトペテルブルクでの通関もスタートした。新しいディーラーも、着任した一月のサンクトペテルブルクにおけるオープニングをかわきりに、その後はタタールスタン共和国の中心都市カザニ、南のドン河下流のロストフ・ナ・ダヌー、沿ヴォルガ地方のサマーラ、ウラルの工業都市エカチェリンブルク、油田地帯のペルミなどでつぎつぎにオープンした。ネットワーク開発マップにはその都度、白地に赤いトヨタマークの旗が立てられた。旗の数は少しずつ増えていった。そして、十月にはジュコーフスキーの車両ヤードからそれら地方都市のディーラー仕向けの配送もスタートした。それまでは、モスクワとサンクトペテルブルクの二大都市以外は、地方のディーラーがモスクワの中継ヤードまで車両を引き取りにきていたのだが、こうしてビジネスの仕組みを少しずつ固めながら、ディストリビューターとしての業務の網をひろげていった。

秋から年末にかけて自動車の需要はますます増えたが、それとともに物流上のトラブルも多発した。ムダ、ムリ、ムラをなくすことが固定費を増やさないための基本だとはわかっていても、それがままならないのがロシアという国だった。

まず、フィンランドの道路状態はよかったが、ロシア国内のそれはお世辞にもよいとはいえなかった。とくに冬場は路面が凍ってスリップし、運転をあやまって路肩にとびこんで横転する事故があとを絶たなかった。トヨタ車を載せたトラックも例外ではなかった。また、国境では通関ゲートの数が足りず、税関ポストへ向かう手まえに大型トレーラーの長蛇の列ができて輸送がとどこおるようになった。輸入ブームはなにも自動車だけにかぎらなかった。家電製品、事務機器、大物設備、機械などの輸入も急増していた。いったん大雪が降ると、トラックは数日間ぱったり止まったまま動かなかった。やがて、このような光景は毎年恒例になり、ロシアの冬の風物詩のひとつともなっていくのだが。

トヨタだけでなく、輸入車メーカーの多くはフィンランド湾のまわりの港にヤードを借りて、陸揚げした自動車を一時的にそこに置いていたのだが、年末には港の周辺一帯がフィンランド向けならぬロシア向けの自動車で一面埋めつくされた。それほどにロシアで自動車が売れはじめていたのである。年が明けると、今度は海上輸送のための貨物船の奪い合いになった。

ところで、六月のジュネーブ出張には尾ひれがついていた。

実はあのとき、会長ともうひとつ、こんなやりとりをした。

「今年の販売はどれぐらいいきそうか？」

「おかげさまで好調です。三万五〇〇〇台を計画していますが、堅く見積もっても四万台はいける見込みです」

「そうか、五万台はどうだ？」

「えっ……？　志だけは高くかかげておりますが……」

工場進出を決めるまえに販売に弾みをつけたいという思いはあった。けれども、物流システムはぎりぎりだったし、マンパワーは日本からの出向者もふくめてすでにフルスイングの状態だったので、ここでうっかり口を滑らせて空手形を切るわけにはいかなかった。

ところが、ジュネーブからモスクワへもどると、さっそく東京本社の後輩から電話があった。

「『ロシアで今年五万台売ると、ニシタニがホラを吹いとったぞ』と、会長からうかがいましたよ」

そのひとの、なに食わぬ澄まし顔が目に浮かんだ。

結局、二〇〇四年の年間販売は、会長から期待された五万台には未達の四万六〇〇〇台に終わった。それでも赴任した一月の月販二五〇〇台にはじまって、三〇〇〇台、四〇〇〇台へと一歩一歩改善と拡大をかさね、十二月にはついに月販五〇〇〇台をこえるオペレーションまでたどりついた。

トヨタの販売はその後もほとんど倍々ゲームにちかいペースで増えつづけた。

だが、予期せぬ落とし穴もある。

このときのムリが年をこえて影を落とす。

第二章　未成熟社会

部品倉庫の支柱
この冬は記録的な暖冬だった。
倉庫の総面積は２万4000平方メートル。
（2007年３月、撮影：TEAM IWAKIRI）

モスクワは涙を信じない

二〇〇五年の新年、フィンランド湾を不意に暴風雪が襲った。

ロシアでは一月七日が正教会のクリスマスにあたるため、ふつうは大晦日からクリスマスが明けるまでながい休暇にはいる。日本やヨーロッパよりも少し遅い仕事はじめの週末、さっそくヘルシンキへ飛んで港のヤードを視察した。

海沿いの一帯が高潮に洗われて、トヨタのヤードでも五〇〇台ちかいランドクルーザーが被災した。年末に保管スペースが足りなくなったため、海辺から近いところに置いたことが災いした（いまならリモートで常時、監視できただろうが）。車両は見たところ傷んではいないようだったが、タイヤの半分ぐらいまで海水に浸かったため、内側の見えないところで錆びが生じるおそれがあった。日本とヨーロッパの両本社とも相談のうえ、水洗いですむ五〇台を残して四五〇台ぐらいをつぶして廃棄することをその場で決めて、保険会社に対処を依頼した。

年末のタマの押しこみが、思いがけないところで災いしたようだった。モスクワとフィンランドのヤードを合わせた現地在庫（ディーラーの在庫をのぞく）は一・六ヵ月分ほどで、適正レベルの一・三ヵ月分に対していくらか多かった。五万台販売達成のランダウン（生産中、海上輸送中などをふくめて総在庫をトータルに把握して需給を管理するためのツール）を想定して、年末に本社がロシア向けの供給量を増やしてくれていた。けれど、ロシアでは旧年生産車は下取り時の査定が下がるためにカスタマーから敬遠されがちだ。過剰な在庫をリーンな状態にもどすため、春さきの三月から四月にかけてRAV4、アヴェンシス、カムリの三車種を対象として期間限定の販促キャンペーンを五月雨式に打った。創業以来、はじめておこなうキャンペーンだった。ムリは無用と痛感した。

その冬は、ことのほか雪が多かった。

国境でのトラックの立ち往生もながくつづいた。

そして、モスクワ市内の交通渋滞もひどかった。

この時期、モスクワの通勤圏はいくつかの幹線道路沿いに急速に外へ向かってひろがっていた。そのため、雪の朝、郊外からセンターへ向かうそうした幹線道路の交差点は、しばしば無秩序を地でいくような車の洪水の坩堝と化したものである。信号が赤に変わる間際に猪突さながら駆けこんだ車の列に、横から青信号で走りだした車がつぎつぎとせまって鼻を突き合わせてせめぎあう。あちこちでクラクションの音が高く鳴って、ひろい交差点のなかはまたたくまに車で埋めつくされて行き詰まる。すると、うしろからやってきた車がなんと凍結した歩道に乗りあげて、猛然とすり抜けていくではないか。そのあとを別の車がそれにならって歩道をいく。交通ルール、運転マナーなどまるでなかった。やがて、交通警察が到着して整理がはじまるのだが、運わるくこれに巻きこまれたときにはどうしようもなく、もつれた車のながれがほどけるのを気長に待つよりほかなかった。また、スリップによる接触事故もあちこちで多発した。現場付近では、ほとんど前へすすまない立ち往生が延々とつづいた。交通警察がきて検分がすむまで、現場をそのままにとどめておく必要があったからだが、そういう日は、朝からストレスだけがどっと溜まった。

大雪は、マースレニッツァの一週間が明けるころになっても降った。マースレニッツァはスラブのひとびとが冬を送り、春を迎えるために古くからつづくお祭りで、毎年二月なかばから三月はじめごろにかけておこなわれる。日本の節分、つまり立春がこれにあたる。この期間、レストランではブリヌィというロシア風のパンケーキが人気を呼ぶ。うすいパンケーキを焼いて、そのうえに蜂蜜やサワークリームをぬり、イクラやキャビア、スモークサーモンなどをのせて、ウォッカやワインといっしょに楽しむ。マースレニッツァが過ぎるとロシアの春も近い。

つづいてやってくる三月八日の国際女性デーは、ロシアで生きる男たちにとっては妻や子供たちの誕生日以上に忘れてはならない祭日である。この日、すべての紳士たちは淑女たちの日ごろの支えに感謝してなにかと尽くす。食事はもちろん男たちが用意する。プーチン大統領までもが、全ロシアの女性たちに向けて感謝のメッセージを発するほどなのだ。

ロシアトヨタでも、前日の午後、昼休みが終わると、男性たちが女性たちのまえにずらりと並んで、彼女たちの気丈な仕事ぶりに感謝し、みごとな男性コーラスを披露してみせたりした。日ごろは不器用で気のきかない男たちが、そろって笑顔をふりまきながら合唱する光景はまことに微笑ましいかぎりであった。またこの日、会社のドライバーたちは総務マネージャーの指示にしたがって、朝からシャンパンとチョコレート、チューリップやバラの花束をごっそり車に積みこんで仕事の関係先や取引先の女性たちにとどけてまわった。受け取る女性たちのほうも、それを心待ちにしているようだった。

ついでながらいうと、男性たちのためには二月二十三日に「祖国防衛の日」があった。もともとはソ連軍、つまり赤軍の記念日で「勇者の日」ともいったらしい。この日は、逆に女性たちが男性たちにプレゼントを贈る。「税関の日」というのもあった。御多分にもれず、物流部長は朝からいそいそ部下と連れだって、モスクワ税関の係官にせっせとウォッカをとどけてまわるのだった。もっとも、念のため書きそえるのだが、これは賄賂ではない。ほんの心づくしである。日本でも少しまえまでは盆暮れのつけとどけというものがあったが、コンプライアンスが言われるようになって仕事上のつきあいでは下火になった感がある。ロシア社会には、こうした贈り物文化ともいうべきしきたりが公私にわたってふかく根づいている。わたしも郷にしたがった。

そうこうしているうちに、三月には雪の重みで部品倉庫の屋根の一部が崩落した。

日本では考えられないようなことが、ここではあたりまえのようにつぎつぎと起きた。その後は、いろいろなことが気にかかるようになり、会社の業務の細かいところまで目配りするよう心がけた。そして、時間があればフロアーをまわって従業員に声をかけ、上司への報告、連絡、相談（いわゆる「ホウ・レン・ソウ」）を怠らないよう注意をうながしつつ、ひとりひとりの仕事ぶりにも気を配った。

ところで、赴任してしばらくしたころだったと思う。『モスクワは涙を信じない』という映画のことが昼休みのキャンティーン（社員食堂）で話題になっていた。ソ連時代の一九八〇年にヒットしたこの映画がリバイバルしているのだとか（参考ながら、監督のウラジーミル・メニショフ氏が、本書を執筆中の二〇二一年七月に新型コロナウイルス感染にともなう合併症で死去、享年八二）。わたしも仲間に入って彼らの話に耳をかたむけた。

余談だが、ロシアではランチが一日のメインの食事だったため、オフィスには小さな所帯ながらも自前のキャンティーンがあった。ふたりのコックが朝から腕に縒りをかけて調理して、ロシアの家庭料理を従業員や来客にふるまっていたのだが、前菜のサラダ、スープにはじまって主菜の肉や魚料理からデザートにいたるまで、これがまたどれもが美味で、この味自慢のキャンティーンは前任者肝煎りの創業以来の「伝統」でもあった。

午前一一時半を過ぎるころになると、プーンといい匂いがフロアーじゅうに漂って鼻をくすぐった。衣食足りて礼節を知る。従業員にとり、会社のランチが楽しみなひとときだったことは、お昼どきの皆のあかるい表情を見れば明らかだった。若い女性たちは太りすぎに気をつけているようだったが（とくにバターたっぷりの大好きなマッシュポテトの摂りすぎをひかえていた）、それでも日本人のわたしなどからみると、男女を問わず、皆おおいに楽しんでたくさん食べていた。むろん、マースレニッツァには焼きたてのブリヌィも供された。

それはさておき、映画のタイトルは、中世のモスクワ公国の君主が諸侯の泣き言に耳を貸さずに税をきびしく取りたてた故事に由来する。いっしょにテーブルを囲んだひとりによれば、映画には、つぎのようなメッセージが込められているという。

「他人の情けにたよっても、結局は馬鹿をみるだけ。泣き言などいわず、タフに生きなきゃやっていけないのよ」

ロシアトヨタは、平均年齢が二七、八歳の若い世代からなるチームだった。彼らの多くは、名門のモスクワ国立大学やモスクワ国立国際関係大学を優秀な成績で卒業したエリートで、皆、きれいな英語をあやつる有能な若者たちだった（概して、男性よりも女性のほうが優秀で仕事もよくできたが）。けれども、彼らは仲間が仕事で困っていてもけっして助けようとしなかったし、仕事にかかわる重要な情報を知っていても仲間どうしで共有しようとはしなかった。

たぶん、多くの若い従業員たちの心情もまた、毎日をひたすらタフに生きる映画の主人公たちと相通じるところがあったのではないかと思う。映画のリバイバルもそうした世相を映しだしていたのだろう。そこにはチームワークのかけらもなかった。彼らは皆、むきだしの競争社会を生きる徹底した利己主義者であるようにわたしには見えた。

従業員の意識改革

この時期のロシアには、いろいろな場面でまだ旧体制のなごりがあった。また、混乱の時代の記憶がひとびとの心にふかく刻んだ傷あとのようなものもあったのではないかと思う。見かけは安定していても、いまだ復興への道なかばで、社会全体としてじゅうぶんには成熟していなかったということかもしれない。

思い起こせば、二十世紀最後の一〇年間、ロシア人は生き残ることに必死だった。国家は分裂して存亡の瀬戸際にあり、経済の崩壊と年率数百%ともいわれるハイパーインフレにより、国民生活は困窮をきわめた。

そんな一九九〇年代はじめ、筆者は当時勤めていた長銀総合研究所のエコノミストとしてときどきモスクワを視察におとずれていた。往時、シェレメチェヴォ国際空港の出口へ向かう薄暗い通路は、獲物をあさる鷹のような眼をしたおおぜいの白タクの男たちであふれていた。また、ダウンタウンのトヴェルスカヤ通りの周辺は、平日の日中にもかかわらず人通りばかりがやたらに多く（おそらく国民の多くがなかば失業状態だったのだろう）、その日を生きるひとびとがあわただしく往き交っていたものだ。

街かどにはいたるところ、四角いマッチ箱のようなキオスクが雨後の竹の子のように簇生し、地下鉄駅から地上へ出ると、まるで焼け野原にできた青空バザールさながらに、おおぜいの男女が衣類や鍋カマなどの日用雑貨、タバコやパン、ウォッカなどを両手に提げて立っていた。どこから仕入れてきたものか、あるいは未配だった給料にかわる現物支給によるものだったのか、プラスチックの部品や金属の留め具などをバケツに山盛りにして売る女性もいた。

市内には〝ビルジャ〟と呼ばれる商品取引所がいくつかできていた。売りに出ていた商品のリストには（おどろいたことに、なんとそこには生きたペルシャ猫一匹まであったのだが）、タイヤ、建材、パソコン、モーターからミニバス、ヘリコプター、貨物飛行機まで、大小ありとあらゆる商品の文字が出品者の番号といっしょに並んでいた。出品者はソ連時代の工場（私有化された企業である)、協同組合、合資会社、個人などさまざまだった。そして、ジーンズやジャージ姿の若いブローカーたちが、電光掲示板のまわりを忙しそうに歩きまわっていたものだ。

ブローカー、つまり仲介業そのものが市場経済に特有のビジネスだった。早い話が、上から下への計画と指令にもとづく配分を、需要と供給のバランスで決まるヨコの関係に変えていくのが市場経済への転換だった。売り手と買い手をつないで手数料をかせぐ。やがて、このような目先のきいた若者たちのなかから、その後に実施された国有企業の民営化や国家資産の空前の払い下げの過程をへて(後年、多くの欧米の研究者たちは、これを「私有化という名の国家資産の強奪ゲームだった」と評したりしたものである)、将来の〝オリガルヒ〟(新興財閥)と呼ばれるひとたちの多くが生まれていったのだろう。かのユーコス社のオーナーだったホドルコフスキーも、はじめはパソコン一台のブローカーからスタートして、ついに石油王に成りあがったといわれる。

わたしをそこに案内してくれた科学アカデミーの研究員は、なかば失業同然の身の上だった。別れ際にホテルの玄関脇でそっと謝礼をわたすと、また来てください、とていねいに言い残して人混みにまぎれて消えていった。そのうしろ姿を見送りながら、わたしは経済システムの崩壊と急激な市場経済化がもたらした深刻な不景気そのものよりも、むしろ混乱のなかでたくましく生き抜いていくことの生々しい現実について考えさせられたものである。

そして、それから一〇年ちかい歳月が過ぎた二〇〇〇年の夏、トヨタ自動車の社員として久しぶりにモスクワへ出張したことがあった。五月にプーチンが大統領に就任してまもない時期だったと思う。トヨタはその前年に駐在員室を開設していた。そのとき、朝の交差点で、青信号とともにひとびとがいっせいに歩きだして小走りに職場へ急ぐ光景がつよく印象に残った。くだんの科学アカデミーの研究員は日本の商社のモスクワ事務所に職を得ていた。

まえにもふれたように、そこにいたるまでの一九九八年八月には国債のデフォルトを宣言し、ルーブルの切り下げを余儀なくされる金融危機の混乱もあったのだが、このころにはどうやらそれも落ち着いて、街なかには小奇麗なカフェやショップがいくつもでき、マクドナルドもすでにあちこちにあって（トヨタの駐在員室もダウンタウンのマクドナルドが入るビルの上階にあった）、混乱の時代はもはや過去のものとなりつつあるように思われた。大通りをいく車の数もめっきり増えて（ただし、国産のポンコツ車や西側ブランドの輸入中古車が多かった）、鼻をつく排気ガスのために窓をあけて走れないほどだった。

もはや戦後ではない、そういうことかもしれなかった。

けれども、考えてみれば、あの歴史的なソ連崩壊（それはロシアにおける、まさしく革命とも呼ぶべきできごとだったのだが）からわずか一〇年やそこらで、まともな社会が形成されると期待するほうがいかにも無邪気で身勝手な想像というものだ。つぎの一〇年間、混乱期をどうにか生きのびたひとびとは、豊かさを手に入れるためにしのぎを削るようになったはずである。ひとびとは皆、家族や自分自身の日々の生活だけを重んじるようになり、政治や社会、他人のことには無頓着で無関心になった。他人を押しのけて生きることなどなんとも思わなかったにちがいない。わたしが乗りこんだロシアは、まだそういう混乱期の傷あとがじゅうぶんに癒されていない、そこかしこに殺伐としたところをまだらにとどめる社会だったのだろう。

他方、経理部長や法務部長たちの仕事ぶりをみていると（部長といっても、ふたりともまだ三十代なかばで若かったのだが）、会社では自分たちの属する管理部門こそが上位にあって、販売やサービス、物流などの業務部門は下位にあるものと思いこんでいるふしがあった。打ち合わせでは、ディストリビューターとしてのビジネスをおこなう現場の同僚たちをまるで見下していた。彼らには、国営工場の官僚組織的な思考パターンが染みついているようだった。しかし、このような考え方は放置できない。企業風土をふくめて根本的に変えていく必要があった。

そこで、そのときにはトヨタヨーロッパの幹部になっていたAさんに助言を請い、赴任した二〇〇四年の八月に、トヨタヨーロッパからアメリカ人のアンディを、販売サービス全般を担当する副社長として迎えることにした。統括会社との人事交流をすすめるねらいもあった。彼はきれいな英語で若い従業員たちに誰かれとなく気さくに語りかけ（これにはわたしもつい嫉妬した）、オープンでフェアな人柄が期待どおり社内に新風を吹きこんだ。日本語もうまかったので、日本の本社からの出向者とのコミュニケーションもスムーズだった。わたしはすばらしい右腕を得て、その後二〇〇八年七月末まで四年間にわたり、彼との二人三脚でロシアトヨタの経営をリードすることになる。

また、この機会に組織をみなおして、全体を「オペレーション」と「サポート」のふたつのグループに分けることにした。そして、それぞれをディストリビューターのコアビジネスをおこなう業務部門、すなわち販売、物流、ネットワーク開発、宣伝・販促、アフターサービスなどと、それら業務部門に対して必要なサービスを提供する支援部門の経理・財務、法務、情報システム、人事・総務などというように定義しなおして、従業員の意識改革をうながした。同時に、オペレーショングループのリーダーをアメリカ人副社長のアンディに、サポートグループのそれを、創業メンバーのひとりで会社のことを隅々まで知り尽くしていたロシア通のアンジェイ（合弁パートナーから出向していたマルチリンガルのポーランド人である）を役員に昇格させてお願いすることにした。

そして、全従業員を一堂にあつめて、ディストリビューターの仕事のなんたるかとともに、組織改革の趣旨を説明した。加えて、ひとに対して親切であり、フェアであり、かつオープンであること、またトヨタではたらく誰もが皆、自由でひらかれた心を持ち、のびのびと明るい気持ちで仕事のできる会社にするよう訴えた。その後も、このフレーズを折にふれては訴えて（ひとつのことをなん度も繰りかえし言わないと定着しなかった）、周知徹底させた。

後日、ひとりの従業員がわたしのところへ来てこう言った。

「先日のスピーチのことを両親に話したら、君はいい会社に入ったよ、と喜んでいました」

わたしが従業員と向きあって最初にした仕事である。

赴任して一年後には、人員も一二〇名ちかくに増えて従業員どうしの人間関係も複雑になった。

そのうえ、ロシアは多民族国家である。南のカスピ海と黒海に挟まれたコーカサス地方では、反モスクワの武装勢力との争いもつづいていた。

とくに二〇〇四年の八月から九月にかけて、航空機連続爆破事件（八月二十四日）、地下鉄リガ駅周辺自爆テロ（同三十一日）、北オセチア学校占拠事件（九月一日）など、チェチェン独立派の過激なイスラム教徒によるものとみられるテロ事件が相次いだ。地下鉄リガ駅はオフィスからわずか数百メートルとはなれておらず、多くの従業員が通勤で利用していたこともあって、ロシアがいまなお少数民族との内戦状態にある現実を思い知らされるできごとだった。

従業員のなかには、幼いころに両親とともに南の民族共和国から戦火をのがれてモスクワへ引っ越してきた家族の子女もいた。姓を見れば、どのあたりの出身か、おおよその察しはつく。工場進出の件もあって本社とのやりとりも多々あったので、日本語のできる秘書をひとり配していたのだが、彼女がチェチェン生まれだったことがいっとき社内で波紋を呼んだらしい。本人は営業職を志望していたが、要員に空きがなかったため、日本語力を買って私のアシスタントとして仮採用していた。

「ニシタニさんは気づいていますか？」

彼女の三ヵ月の仮採用が明けるまえだったと思う。あるとき、総務マネージャーから、そう念を押されたことがあった。チェチェン共和国の出身だからといって差別する考えはないことをその場でつたえた。その後、モスクワの旅行会社に勤めるロシア語の堪能な日本人のSさんを知人から紹介されたのを機に、彼女は晴れて希望がかなって販売部へ異動した。

市場が成長するにつれて、メーカー間の競争も激しさを増した。赴任した当初は、タマさえあれば売れる「売り手市場」の状態だったのだが、翌年には各メーカーとも供給を増やしたため、それが「買い手市場」に変わって各社がしのぎを削る競争状態に転じていた。

したがって、そのような意味では、意識改革が必要なのは販売店のオーナーやマネージャーたちも同様だった。なにしろ、それまでは黙っていても車が売れて、ショールームをおとずれる客からオーダーを摘み取りさえすれば事足りたが（それどころか、予約リストの上位ポジションにプレミアがついて、それをセールススタッフがかげで差配する不祥事も生じていたのだ）、これからはそれではすまなくなったからだ。傘下の販売網が一丸となってカスタマーに対してより良いサービスを提供し、一台でも多くの商品を売っていくための真のセールス集団に変わる必要があった。

そこで二〇〇五年二月はじめ、春の販売シーズンをまえに創業以来第三回となる全ロシア戦略会議を開催した。トヨタ店とレクサス店をあわせて三〇をこえる販売サービス拠点から、経営陣とスタッフなど総勢二〇〇名以上の紳士、淑女たちがモスクワの高級ホテルで一堂に会した。ロシアにおけるトヨタの販売とアフターサービスの前線をになうパートナーたちだ。この一年であらたに認定されたディーラーもいくつか増えて、古参のオーナーたちに新顔もなん人か加わっていた。皆、それぞれに混乱期を生き抜いて、勝ちあがってきたツワモノたちだったのだろうと思う。

会議に招かれたオーナーたちは、ある意味で「選ばれたひとたち」でもあった。まえにもふれたように、ロシアトヨタの販売サービス網は、商社ビジネス時代のサービスステーション網をベースにして、販売力が期待でき、かつ長期的に信頼できるパートナーを選別してつくられたのだが、その際に要件とされたのは、出資者の構成や経営に瑕疵(かし)がないことに加えて、トヨタに対する高いロイヤルティ(忠誠心)と十分な資金力のふたつだった。

とくに後者のふたつについていえば、トヨタは競合ブランドとの併売をきらい(ブランドイメージの邪魔になると考えられたため)、自社ブランドのビジネスに特化することをもとめていた。そして、専用のショールームとサービスショップ、部品倉庫をひとつの拠点に三点セットで設置することを条件にしたので、正規のディーラーとして認定されるためには巨額の初期投資が必要だった。しかも、取引条件はキャッシュ・オン・デリバリーと決まっていたから、その点でも銀行の信用に裏打ちされた相応な資金力が必要だった。そのためか、古参のオーナーたちのなかにはプライドばかり高くて、それでいてサービスステーション時代の日銭稼ぎの安逸な経営スタイルから抜けきれず、人、物、情報に投資をし、積極的にセールスマーケティングをおこなっていこうとは考えない保守的なひとたちも多かった。

ちなみに、あたらしいディーラーの選定は、会社としてのリスクを考えながら法務部もまじえて慎重におこなった。なにせ二〇〇〇年代はじめのロシアでは、出資者どうしの仲間割れが原因でマフィアがらみの恐喝や銃撃事件沙汰になることもめずらしくなかった。いかなるかたちにせよ、トヨタのビジネスがそういうあぶないひとたちとかかわりをもつことは絶対に避けねばならなかった。そこで、複数の調査会社に信用調査を依頼して、相手の会社とすべての出資者たちの経歴を洗うことにしていた。これらの調査会社には治安機関や情報機関のＯＢなどがいたのかもしれない。彼らは、ふつうでは知ることのできない特別の情報ファイルにアクセスできるようだった。これもまた、この時期のロシア社会に特有の、どことなく薄気味わるい未成熟な一面を暗に映し出してもいたのだが。

会議では、カスタマーサティスファクション（顧客満足）をキーメッセージにして、市場分析と需給の見通し、商品・新車情報、マーケティング施策、セールスマン教育、アフターサービスの方針などについて各担当のリーダーからプレゼンテーションをおこなった。報告の多くは、多少ぎこちなさを感じさせる一方通行のものではあったが、会社としては前年夏に着任した副社長のアンディが中心となり、販売とサービスがひとつにまとまって本格的なセールスマーケティングへ踏みだすための有意義な一歩になった。

販売店のオーナーやマネージャーたちも皆、熱心に耳をかたむけ、しきりにメモを取っていた。そして、休憩時間になると三々五々つぎつぎにロビーへ繰りだして、そこにロシアトヨタの若いスタッフたちも加わって、ロシア人どうしでたがいの旧交を温めあい、近況報告と情報交換ににぎやかな花を咲かせた。

会場には、ひと目で遠い地方からやってきたとわかる、いかにも「おのぼりさん」という雰囲気の遠慮がちなグループもいた。他方、新参の若いオーナーたちのなかには、アメリカからパソコンを輸入して小金を貯め、それを元手に輸入車の販売ビジネスを立ち上げたグループなどもいた。彼らは英語のコミュニケーションにも慣れており、ビジネスに対してアグレッシブで、こうした会議の場所でのアピールもうまかった。これに古参のオーナーたちの競争心が刺激されないはずはなかった。「アメリカのディーラーを視察して勉強したい」、「せがれをロシアトヨタで研修させたいが、受け入れてもらえないか」などと、流暢とは言いがたい英語でリクエストしてきたりもした。アメリカ人のアンディを意識してか、古参のオーナーたちをふくめて、多くのひとたちが英会話を学び、マーケティング手法の解説書などを読んでいたのも驚きだった。見かけはごつくて、どことなく野暮ったい感じはするけれど、皆、勉強熱心でやる気に満ちあふれた良きパートナーたちなのだと実感した。

彼らの多くは、地中海に浮かぶキプロス島や北のバルト諸国などにペーパーカンパニーを設立し、経費をよそおってそこへ資金をのがしたり、あるいはそうしたオフショアカンパニーを使ってせっせと節税に励んだりしていた。地元の税務署や警察署とのコネづくりも万事、怠りなかったにちがいない。むろん、そういう類いの、われわれにはあまり聞かれたくないような仲間うちの情報交換はロシア語だったが、話していることや考えていることの相場はおおよそ知れていた。なかには、事業に成功して、つぎに会ったときに同伴するご夫人がすっかり若返っていたりするツワモノもいたものだ。

そして、休憩中のロビーには紫煙がスモッグのようにたちこめた。男女を問わず喫煙者の多いお国柄で、シャンデリアの輝きがかすんで見えるほどだった。皆がそれなりにストレスをためながら、きびしい競争社会を生きていたのだろう。

もっとも、最近のロシア人は男女を問わず皆、健康志向がつよくなり、お酒はあまり飲まず

（きついウォッカやコニャックをさけてボルドーの赤ワインを好む）、喫煙者もうとまれて（紳士たちはタバコのかわりにシガーを好む）、まるで去勢でもされたかのようにすっかりおとなしくなってしまったようなのだが。あの時代の破天荒で型破りなツワモノたちの面影が、いまとなっては懐かしくもある。

たとえば、二〇〇五年九月に愛知万博の視察をかねて日本での研修旅行に招待したときには、東京・六本木の居酒屋で二斗樽（なんと一升瓶二〇本分である）に入った日本酒をまたたくまに飲み干して店長をあきれかえらせた。箱根の老舗温泉旅館で粗相をしでかし（あやまって？女湯の脱衣場に忍びこんで女性客をおどろかせた）、後日、同行した部下が菓子折りを持って女将に謝罪にあがったこともあった。アルコールにまつわる武勇伝は枚挙にいとまがない。

後年のことだが、二〇〇八年五月末にロンドンで汎ヨーロッパのディーラー会議があり（トヨタヨーロッパが数年に一度、ヨーロッパの都市で開催していた）、モスクワからアエロフロートのチャーター便を仕立てて乗りこんだことがあった。このころには、ロシアトヨタはトヨタ店とレクサス店をあわせておよそ七〇拠点の販売・サービス網を擁し、年間販売二〇万台越えをめざす、まさに飛ぶ鳥を落とさんばかりの一大ディストリビューターになっていた。

出発前、紳士クラブのメンバーがシェレメチェヴォ空港の免税ショップでなにやらあわただしく買い込んでいたような、と思っていたら案の定、飛行機に乗り込むや、たちまち機内のあちこちでにぎやかに酒盛りがはじまった。飛行中のチャーター機内がツワモノたちの無礼講の場と化したことは言うまでもない。アエロフロートの客室乗務員は、この特別な同国人の乗客たちを心優しくもてなし、まるで手のつけられない悪戯っ子どもをあやすように、終始、笑顔を絶やさなかった。やがて、機体がヒースロー空港に着陸すると、その弾みとブレーキの衝撃でウイスキーやブランデーの空き瓶がそこここでゴロゴロと乾いた音を立てながら飛び跳ねてころがった。さいわいにも、その日は到着後に会議の予定はなかったが、さすがに夜のレセプションでは、皆、萎（しお）れた花のようにおとなしくしていた。

諸民族社会

一方、二月の戦略会議後、三月には西シベリアの産油都市チュメニでトヨタ店がオープンし、春から秋にかけてモスクワとサンクトペテルブルクでトヨタ店とレクサス店がつぎつぎにオープンした。さらに年末にかけて、十一月にはヴォルガ河中流域のAvtoVAZの企業城下町トリヤッティで、十二月にはおなじくGAZの企業城下町ニジニーノヴゴロドと南部にひろがる農業地帯のクラスノダールでそれぞれトヨタ店がオープンした。あたらしい販売店はどれもがその街のランドマークともいうべき堂々たる店構えで、トヨタヨーロッパ認定の公式サインボードが大通りに面して頭上高くそびえていた。

ついでながら、ロシア人は大きいもの（こと）、強いもの（こと）を好むらしい。はじめての日本視察ツアーで彼らが最も感銘をうけたのが、奈良の東大寺金堂にすわる大仏だったというエピソードもある。

こういう気質は社会のいたるところに露出している。ロシアトヨタは〝クラスヌィ・シュトルム〟、日本語に直訳すると「赤い嵐」という、それこそ一度聞いたら忘れないような、いかつい名前の警備会社と契約していた。どうやらロシア人は強大で強力であることと同義のこの〝シュトルム〟、つまり嵐、暴風雨という言葉がよほど好きらしい。たとえば、モスクワには「家具の嵐」「靴の嵐」とかいう名の桁はずれに巨大な専門店の「暴風雨」があちこちにあった。要するに、大なることすなわち善、強なることすなわち美、ともいうべき国民性なのであろう。

前任者の時代の二〇〇三年にモスクワ北部の環状ハイウェイ沿いに巨大なトヨタ店とレクサス店がオープンした。そのショールームたるや、当時としては驚くばかりのスケールで、そのうえトヨタグループの商社が出資する古参ディーラーの旗艦店だったとあって、あとにつづくオーナーたちがそれをベンチマークにしてたがいに競いあうように投資をした。

そういうわけで、オーナーとその家族にとり、オープニングは一世一代の記念すべきイベントとなる。当日は、まず入口でロシアの伝統的な民族衣装をあでやかにまとった女性から、丸く焼いた大きなパンと塩で迎えられた。古来、スラブ人のあいだでパンは豊穣と富のシンボルで、ひとびとは来客へのもてなしの気持ちをパンと塩であらわすのだとか。

ショールームには、地元政府の幹部をはじめ、おおぜいのカスタマーや取引先、オーナーの家族、親戚や友人たち、ジャーナリストなどが招かれていた。やがて仕掛け花火がイベントを盛りあげた。華やかなオープニングは、トヨタの企業イメージを浸透させるまたとない機会でもある。わたしはロシア語の祝辞でパートナーの労を讃えた。そして美しい郷土の自然、豊かに水を湛(たた)えて流れる大河、お国自慢の話題などを引きながら、トヨタの現場主義、カイゼン活動やカスタマーファースト精神にもふれ、最後はオーナーをはじめ出席したすべての人たちに心からの謝辞を述べて、企業スローガンの〝ドライブ・ユア・ドリームズ〟で締めくくった。

「理性はいう、『それは不可能だ』。
経験はいう、『それは向こう見ずなこと』。
誇りはいう、『それは自尊心を打ちのめす』。
そのとき、夢がいう、『だったら、やってみようよ』と。
生きることは夢を叶えること、それに向かって全力で。
夢をドライブしませんか、トヨタとともに」

このフレーズは、日本から持参したマーケティング素材から借用した。

赴任してしばらくは英語のスピーチですませていたが、英語はロシア社会とのあいだに距離をつくった。そうではなく、抑揚のきいたきれいなロシア語で、聴くひとたちの心にメッセージをまっすぐとどける必要があった。そのうえロシアは国土がひろく、行く先ざきで気候もちがえば歴史や風土もことなり、その地方ならではのお国柄というものもあった。スピーチではそこにふれる気配りも欠かせなかった。そのためオープニングが近づくと、販売部長のサーシャ（従業員のなかでは年長で最も教養高かった）を呼んで祝辞を練りこみ、個人教師をつけて拙いロシア語に磨きをかけた。

余談だが、ロシア語といえば、こんなできごともあったことを記しておこう。

ある日、会議中にロシア人スタッフがわたしの傍にいた日本人のほうを指さして、〝アビズィヤーナ〟といって仲間とクスクス笑っているのが気になった。不覚にも、わたしはそれを聴き取ることができなかった。日ごろから、日本人出向者へ向ける従業員の視線がなんとなく気にかかってもいた。

そこで、

「さっきはなにが可笑しかったのか」

と、あとで本人に訊いてみると、

「すみません。『サル野郎』と言っていました」

と、申し訳なさそうに言って詫びるのだった。

日本人は（先進国に属するので）アジア系のなかでは別格と見られている、とはモスクワで暮らす日本人コミュニティの勝手な評定である。わたしの見るところ、ロシア人は中国人をあまり好ましく思っていないようだったが（中国を意味する〝キタイ〟を口にするとき、よく眉をしかめたものである）、実際には中国人も韓国人もモンゴル人も日本人も、ふつうのロシア人にはおなじひとつの東方のアジア人種にしか見えなくて、外見上の区別などはつけがたかった。したがって、彼らにとっては日本人といえどもその点ではおなじキツネ眼をした「サル野郎」（彼らはしばしば人差し指で目尻を左右にひっぱる仕草をしてみせた）なのであった。

それ以来、わたしは、彼らがふだん仲間うちで話すロシア語（女性どうしで、はすっぱな言葉を交わしていたりもした）を徹底的に盗むことにした。

会議中にロシア人どうしが聞きなれない言いまわしで早口で話していたりすると、

「えっ、いまなんて言ったのか？」

と、質しては手帳に書き込んだ。そのうち、

「ニシタニさんのまえでは言葉に気をつけろ」

ということになり、やがて気がつくと、わたし自身も彼らといっしょになって話していた。

そうやってわたしは従業員のなかに入っていった。

さて、オープニングの夜は酒席が夜更けまでつづき、最後は郊外のサウナバーに河岸を移して飲みなおした。そして翌朝、わずかに仮眠をとるだけで暗いうちにホテルを出て、空港のラウンジで搭乗時刻を待つまでの短いあいだ、赤く目を腫らしたオーナーが紙袋からおもむろに〝ナポレオン〟のボトルをとりだすと、別れの乾杯がはじまるのだった。そんな具合だったから、とくにシベリア出張からもどった朝はしんどかった。モスクワと東のシベリアとでは時差が飛行時間とほぼおなじ四、五時間ぐらいあったので、現地時間の午前七時とか八時（つまり、モスクワ時間の午前三時とか四時）のフライトに乗ると、ちょうど朝の通勤時間にモスクワへもどるという按配だった。アンディはアルコールで肝臓が肥大したといって嘆いていたし、わたしの肝臓もずいぶんと鍛えられた。

販売サービス網の拡充は、あたかも古きロシアの領土拡張の足跡をなぞるように、市場の中心のモスクワとサンクトペテルブルクの強化と並行して、ヴォルガ河の中流から下流域へ、そ

して上流のウラル地方へ、さらにウラル山脈を東へ越えてシベリアへとすすんだ。ロシアトヨタの販売サービス領域は、西はロシアのヨーロッパ部から東はシベリアまで、都市としてはバイカル湖に近いイルクーツクまでと、統括会社のトヨタヨーロッパとのあいだで取り決めていたが（ベラルーシの首都ミンスクにあったサービスステーションも販売網のひとつとして引き継いでいた）、ロシアは広大で、市場のひろがりには際限がないように思われた。

ウラルやシベリアの都市は、どこも雄大なタイガの自然につつまれていた。ロシア人は大きな自然のふところで憩うことが好きだった。パートナーの案内で市場を視察したあと、夕方、郊外の森のサウナで素っ裸になって、冷たい水に浸した白樺の小枝で頭のさきから足のさきまで叩かれると身体の芯までさっぱりした。冬には裸のまま凍てつく雪の原野に飛び込んだり、夏にはクルーザーから皆でヴォルガ河に飛び込んだりもした。

永久凍土に厚くおおわれた西シベリアのオビ河流域一帯には、天然ガス企業の国営ガスプロムや石油企業ロスネフチの採掘場がひろがっていた。上空から見おろす大地は一面どす黒く光っていたが、その北極圏へもほど近いハンティ・マンシ自治管区の人口三〇万人足らずのスルグトやニジネヴァルトフスクで、ランドクルーザーが年間一〇〇〇台以上も売れていたのにはおどろかされた。トヨタのロシア向け生産車両には、悪路、寒冷地、ガソリン性状の三点で特別の対策がほどこされている。冬にはマイナス四〇度、夏にはプラス三〇度をこえる苛烈な自然環境の大陸性の土地柄で、トヨタ車の評価は群を抜いて高かった。わたしがおとずれた四月はじめ、その日の最高気温はマイナス一〇度ぐらいだったのが、翌日は一転してプラス二〇度をこえる初夏の陽気に変わった。

また、ヴォルガ河沿いのタタールスタン共和国のカザニや、ウラル南部のバシコルトスタン共和国のウファなどへもよく行った。このあたり一帯が、古来さまざまのトルコ系の騎馬遊牧民族が馬や牛、羊の群れを追って移動する天地だったことはあらためて記すまでもなかろう。

そこには、ロシア人に混じってトルコ系のタタール人やバシキール人が多く住む。行くとかならず新鮮な馬乳酒で迎えられた。馬乳酒は少し甘酸っぱい独特の匂いがした。そしてディーラーの幹部たちは、自分たちには先祖代々の遊牧民の血が流れていると言わんばかりに、ウォッカをあおり、馬の骨つき肉の燻製やトマトやキュウリを頬張るのだった。わたしもそれにつきあった。彼らは皆、猛々しい野性ともいうべきエネルギーにあふれていた。街なかにはイスラム教徒が通うモスクもあった。わたしは、ロシアが国内にさまざまの民族を擁する多民族国家であることを実感した。

カザフスタン、極東オペレーション

生産プロジェクトについては、この間に、新設のサンクトペテルブルク駐在員室にベースを移していた。そして、二〇〇五年四月二十六日には地元のサンクトペテルブルクで工場進出のプレスコンファレンスがあり、つづいて六月十四日にはプルコヴォ空港からほど近いシュシャリ地区の工場用地で鍬入れ式がおこなわれた。第一ステージの生産車種はビジネスクラスのフラグシップのカムリに、また工場の生産能力は五万台で、溶接、塗装、組立ての三つのライン

を備えたＣＫＤ（Complete Knock Downの略）工場と決まった。将来の拡張をみこんで、敷地面積は二二〇ヘクタールと広大だった。

式典には、マトヴィエンコ市長はもとより、第九回サンクトペテルブルク国際経済フォーラムの開催に合わせてプーチン大統領が来訪して出席した（ちなみに、この経済フォーラムは一九九七年にはじまったが、プーチン自身が出席したのはこれがはじめてである）。トヨタを代表して奥田会長が出席し、またその機会をとらえてプーチン大統領と会談するため、日本政府から森元総理も駆けつけた。わたしも販売店のオーナーたちといっしょに参列した。そんな様子が日本でも大きく報じられたためか、ロシアがにわかに脚光を浴びるようになり、本社やグループ企業から役員がつぎつぎと視察におとずれた。日本のディーラーや取引先からの来客もあとを絶たなかった。ベルギーの統括会社からの出張者も多かった。

たいていは一泊二日の忙しい滞在で、モスクワ市内の大型ディーラーや、その名も「メガ」とよばれる巨大な複合ショッピングセンターを案内し（スウェーデンの家具メーカー、フランス資本のスーパーマーケット、ロシアのホームセンターや家電ショップなどがひとつところに合わさっており、しかもそのひとつひとつが桁ちがいに大きくて、駐車場も広大で、それぞれの施設へ行くのにシャトルバスに乗らねばならないほどだった）、あわせてシェープキナ通りのオフィスの活気に満ちた雰囲気や従業員の仕事ぶりなども現地現物で感じてもらった。ディーラーのショールームやアフターサービスの受付デスクはいつも混み合い、スーパーマーケットの商品棚には物があふれて、経済がダイナミックに成長している様子が見てとれた。

また、移動中の車中からは、渋滞のひどさとともに、たくさんのトヨタ車が走る様子も見ることができた。ロシアではランドクルーザーやカムリなど、ジープタイプの四輪駆動車や室内空間の大きなセダンタイプの乗用車が好まれて、市場としてはヨーロッパよりむしろアメリカのそれに近いこと、レクサス車をおどろくほど多く見かけることなどを皆、口々に話していた。来訪する皆が、前途有望な市場であることを肌で感じてくれたようだった。

そして、夜はロシア料理とキュッと冷たいウォッカで食事を共にした。多くの先輩、上司や同僚、後輩たちと語らいながら、ときにアドバイスをもらい、また激励もされると、日ごろの苦労や疲れも癒された。

そんななか、八月下旬には中央アジアのカザフスタンの旧都アルマティへ出張した。海外営業業務の現地化のながれのなかで、その年の六月から、ロシアに加えてカザフスタン（正確にはキルギスを加えた二ヵ国）のディストリビューター業務を日本の本社から引き継いでモスクワからおこなうことになったからだ。

カザフスタン業務をロシアトヨタがおこなうことに、副社長のアンディは強く反対した。彼の言うように、ロシア業務すらままならないというのに、このうえカザフスタン業務もおこなうなど、従業員に無理を強いるだけだとはわかっていたが、本社の後輩たちからの依頼だったこと、またカザフスタンの自動車市場がロシアのそれと地理的につながっていたこともあり（現にカザフスタンとの国境から近い南のサマーラやチェリャビンスクの販売店へはカザフスタンの顧客がしばしばおとずれていた）、ロシアの地方がひとつ増えたと捉えれば、それほどの負担にはならないだろうと考えてロシアトヨタのオペレーションに加えることにした。

実際にアルマティでパートナーたちと話していると、ひとびとのあいだにロシアとの一体感やロシア社会との親和性が日常的に存在していると感じる。ロシア語が公用語として支障なく通じるし、ビジネスのための法律や制度もロシアから借用したものが多かったため、ほとんどロシアと共通していた。テレビではモスクワのニュースやバラエティ番組がふつうに流れているし（娯楽が少ないためか、おしなべて旧ソ連のひとびとはテレビをよく観る）、多くのひとびとが親や兄弟、学生時代のクラスメイトなどを通じてロシアの各地とつながってもいた。

秋には、そのアンディもあきらめて、営業チームをひきいてカザフスタンの主要都市を、小型ジェット機をチャーターして一週間かけて駆け足でまわった。出張からもどった彼は、「草原の民」との夜ごとの会食でほとほと疲れ果てた顔をしていたが、カスピ海の原油をはじめ豊富な鉱物資源にめぐまれて、各地で自動車が売れはじめ、競争が激しくなっているとのことだった。ロシアトヨタによる本格的な市場開拓は、まずはアスタナ（現ヌルスルタン）、アルマティの新旧ふたつの首都とカスピ海沿岸の産油都市アティラウ、アクタウなどにおける販売サービス網の強化からスタートした。そして、ここでもカムリやランドクルーザーをはじめ、トヨタ車の人気は他を圧倒していた。

他方、わたしはといえば、八月末にアルマティからモスクワへもどり、その週末にカザニ建都一〇〇〇年祭に招かれてタタールスタン共和国のニジネカムスクを訪問したのち、九月はじめにモスクワの販売店のオープニングへ出席すると、ただちに極東のハバロフスクとウラジオストク、さらにサハリン島のユジノサハリンスクへ飛んで市場を視察した。

ロシア極東の販売体制（ロシアトヨタ設立後も、ひきつづき商社経由で輸出販売していた）をどうするかは、東京の営業部にいたころからの懸案だった。トヨタは日本で生産した車をはるばるアジアの海からインド洋を越え、スエズ運河とジブラルタル海峡をとおって、ヨーロッパ大陸を西からまわりこんで、四〇日以上もかけてフィンランドの港まで海上輸送していた。そして、そこからUターンする格好でロシアの各地へ陸上輸送していたのだが、物流面では東のシベリアあたりまでならば、いっそ日本海を渡って極東の港で陸揚げして運んだほうがずっと合理的ではないかと考えられた。そこで、極東の販売体制をどうするか、ということになったわけである。

けれども、極東で陸揚げして通関するためにはそこに支店を開設しなければならなかったし（通関エリアでの支店の設置が義務づけられていた事情は既述のとおり）、そもそも市場も日本製中古車が中心で、新車のそれはまだそれほど大きくないのが実情だった。

それになによりも、極東そのものがモスクワからみるとまるで外国のように遠かった。

「極東なんて、ほとんど〝ワイルドイースト〟と言ってもいい外国ですよ」

意外なことに、販売部長のサーシャまでもがそう言って反対した。モスクワで暮らす彼らにとり、極東はカニとイクラと中古車輸入を地場産業にするユニークな土地柄なのだという。業者と税関のインフォーマルな関係や行政の腐敗はだれもが知る事実だった。販売部の若い面々も一様に口をそろえて反対した。そんなわけで、極東をロシアトヨタの傘下に加えることにはリスクも大きく、日本の本社から引き継ぐのは時期尚早と思われた（後年、車両や部品の通関、配送業務などを商社に委託するかたちで、ロシアトヨタの傘下に統合することになる）。

十一月にはプーチン大統領が日本を公式訪問した。両国間の経済関係の拡大を期待して、来客は引きも切らなかった。モスクワに支店を開設したり、あらたにロシア進出を検討したりしている企業の出張者たちも挨拶におとずれた。政治家や大学の先生、シンクタンクの研究者なども多くおとずれた。ただ、はるばるモスクワを訪問してくださる方々にはほんとうに申し訳なかったが、わたし自身も多忙をきわめていたため、どうしても面会を辞退せざるを得ないことのほうが多かった。

カザフスタンのほうは、その後二〇〇六年九月にロシアトヨタの駐在員室をアルマティに開設し、翌年五月に開所式をおこなった。日本の本社からあらたにベテランのTさんが室長として送りこまれた。そして、さらに一年後の二〇〇八年五月に、そのTさんを社長としてトヨタヨーロッパの傘下にトヨタカザフスタンが設立され、リーマンショック後の二〇〇九年一月にディストリビューターとしての業務を開始する。

駐在員室を開設する過程では、現地事情に精通したサポートグループ担当のアンジェイといっしょにわたし自身もモスクワからなんども足を運んだ。事務所をさがし、日本から出張してきたTさんも加わって、秘書と補佐役のマネージャー、ドライバーなどのローカル要員を採用した。経理はとりあえず外注することにした。

新会社の立ち上げには、ロシアトヨタからスタッフを派遣して全面的に支援した。Tさんは、先進国とはまったく勝手のちがう土地柄で、公私にわたって四苦八苦したようだった。二〇〇六年七月に彼がはじめてアルマティを視察におとずれたとき、さっそくひどい食中毒にやられて、深夜に電話で起こされて薬局へ走ったことを思い出す。経理部長や法務スタッフ、システムエンジニアたちがTさんを応援するためにモスクワから通った。従業員たちは、かつて「ソ連の秘境」と呼ばれた中央アジアへ出張できるとあってか、いやな顔ひとつせずに協力した。もっとも、こちらはこちらで忙しく、じゅうぶんにかまっていられるほどの余裕もなかったのだが。

突然の証人喚問

二〇〇五年十一月二十二日、内務省からわたし宛に「喚問通知状」がとどいた。

「ロシア連邦刑事訴訟法第一八八条にもとづいて、証人尋問のため、貴殿には二〇〇五年十一月二十八日一一時三〇分に到着するよう、ロシア連邦内務省付属捜査委員会主任捜査官〇〇〇〇のもとへ出頭されたし」

出頭先に〝ボリショイ・ニキツカヤ通り、建物10／2〟の文字。モスクワ市民ならば誰もが知る連邦警察の所在地だ。書状をさしだしながら、総務マネージャーのユリアが心配そうにわたしのほうを見た。

その日、わたしは指定された入口で弁護士と落ちあい、定刻どおりに捜査委員会へ出頭した。係官に第七二号室へ通されて、そのまま三〇分以上待たされた。

「孤独を愛さない人間は、自由を愛さない人間である。

なぜなら、孤独でいるときにのみ、人間は自由になれるのだから」

だれの気に入りなのか、アルトゥール・ショーペンハウエルのフレーズが壁に貼ってあった。

モスクワの某ディーラー社長のTさんが突然会社をおとずれたのは、それより三週間ほどまえの十一月はじめだった。内務省の捜査が入ったことを内々に知らされた。そのディーラーは、トヨタグループの商社が出資して、モスクワを中心にロシア国内でいくつかの販売店を経営する古参のパートナーで、このころには社長のTさんともおたがい気心が知れる間柄になっていた。


彼によれば、二、三年まえにあるグレーディーラー（正規ディーラーではないショップのこと）に新規顧客の紹介料を支払ったのだが、たまたま内務省の捜査チームがそのグレーディーラーを脱税容疑で調べたところ、ダミー会社の銀行口座に自分の会社からの入金記録が残っていたため、そこから足がついてTさんの会社の脱税とマネーロンダリング（資金洗浄）が疑われることになったらしい。

また、その後、内務省が調べをすすめた結果、悪いことにモスクワでトヨタ車のディーラーを経営する他の一社でも同様なことがおこなわれていることがわかったため、彼らはロシアトヨタもこれら二社の不正を知っていたのではないか、あるいはロシアトヨタのコントロールのもとで、傘下のディーラーを巻きこんだ不正行為が組織的におこなわれていたのではないか（共同謀議）と疑っている可能性もあり、近いうちにわたしをふくめてロシアトヨタそのものへも捜査の手がおよぶかもしれない、とのことだった。

いざ喚問通知状を受け取って、さてどうしたものか、と顧問弁護士に相談すると、当局に対してクレームすべき誤謬でもないかぎり捜査に協力せざるをえないが、内務省の捜査官たちは、そもそも相手が外国資本であろうとロシア資本であろうとビジネスという行為自体を性悪説でとらえており、企業ならばどこも脱税や裏金づくりのカラクリのひとつやふたつ隠し持っているのがふつうで、叩けばかならず埃が出るものと考えている（実際、当時のロシアには星の数ほどの企業があったが、それらの大半はそれに先立つ混乱期に設立された脱税やマネーロンダリングが目的のペーパーカンパニーとみられていた）。そして、標的にした企業に対して執拗な調査をおこなって、相手が取引き（非公式の和解金、つまりは「袖の下」である）に応じるのを待つのが常套で、本件もそれに類すると考えておいたほうがよいだろう、と言う。

「彼らには犯罪をつくりこむことなどお手のものです」

どうやら、あまり鷹揚にかまえてもいられないようだった。十一月に入ったころから、社内の組織や部署、担当者の氏名をさぐるような不審な外線電話がいくつもかかってきていた。また、わたしの翌日には販売部長も呼ばれていた。彼は、創業時にT社長が経営するディーラーから移籍したひとりだった。Tさんの懸念が思い起こされる。もとよりロシアトヨタにはなんら不明瞭な点はなかったので、ここはあらぬ疑いを晴らすことを第一義と考えて、本社とも相談し、また念のためモスクワの日本大使館へも一報したうえで、証人喚問に応じることにしたのだった。

取り調べは、一二時一〇分に若い捜査官によってはじまった。大学を卒業して五、六年ぐらいの女性大尉だった。ロシア語でおこなわれ、わたしのために日本語の通訳が呼ばれていた。

冒頭、捜査官から簡単な前口上といくつか注意事項の説明があり、最後にこう念をおされた。

「正直に答えないと偽証罪に問われます」

その日、わたしは途中に三回、中庭での一〇分間の喫煙休憩を挟んで全部で七三の質問に答えた。質問は、ロシアトヨタとくだんのモスクワのディーラーとの関係やビジネス上の契約内容などを中心に、わたし自身の身上、職責や権限にいたるまで多岐におよんだ。捜査官はわたしの答えを無表情に淡々とパソコンに打ちこむと、最後にそれをまとめてプリントアウトしてわたしに内容を確認するように言った。調書は全部で九枚になった。そして、一問一答のひとつひとつのわきに署名するよう求められ、さらにそれらすべてについて嘘偽りのないことに署名すると、年長の主任捜査官が待つ別の執務室に案内された。

「ご協力に感謝します。なにか訊きたいことがありますか？」

主任捜査官（召喚状の署名者だった）が、調書に目を通しながら事務的な口調でそう言った。

ズバリ質してみた。

「なぜ召喚されたか、理由を教えてください」

「モスクワのトヨタディーラーに対する犯罪捜査の一環です」

「どのような容疑ですか?」

「くわしくはお話できませんが、われわれは×××××社(T社長が経営する会社である)と他のトヨタディーラーがモスクワにインフォーマルな販売網を構築している事実をつかんで刑事事件として捜査しています。×××××社の幹部は、いくつかの実体のないペーパーカンパニーと契約書を交わしているにもかかわらず、われわれの質問にはっきりと回答できていません。あなたの前任者の時代に関係することです」

そして、わたしのほうをじっと見る。

(あなたはそのことを知っていたのではないか……?)

「ほかになにもなければ、お帰りいただいて結構です」

通りへ出ると、夜の七時半を過ぎていた。みぞれまじりの雪が降っていた。ドライバーのセルゲイが、車のドアをあけて心配そうな面持ちでわたしを迎えた。

車へ乗りこむと、わたしは捜査官とのやりとりを忘れないうちにメモにおこした。

「あなたは〝OOO TOYOTA MOTOR〟のまえはどこでなにをしていましたか?」

わたしにとってはわかりきったことを訊かれたのが意外だった。捜査官は、どうやらわたしが日本のトヨタ本社からの出向者であるとは思っていなかったようだった。モスクワには企業の幹部ポストを期間契約で渡りあるく外国人がおおぜいいた。〝OOO TOYOTA MOTOR〟がどういう会社なのかもわかっていなかったかもしれない。わたしが、そもそも〝OOO TOYOTA MOTOR〟はトヨタグループ一〇〇%出資の子会社で、自分は親会社のトヨタ自動車から派遣されているのだと念を押すと、態度がいくらかていねいになった気がした。

その後、前任者のNさんのことを少し訊かれた。

「あなたの前任者もトヨタ自動車の社員ですか？　いまはなにをしていますか？」

「すでにトヨタを退職したはずです」

「いまどこにお住まいですか？　あなたは知っていますね？」

「いいえ、退職後のことは知りません」

わたしは迷わずしらを切った。

帰り際に主任捜査官がさりげなく添えたひと言が思い出される。

「もう一度、お越しいただくかもしれません。お元気で」

携帯電話を盗聴されている怖れもあったので、Nさんにはこの件について連絡しないことにした。今年のクリスマスはどこで過ごすことになるのだろう……？　と思ったりもした。

その後しばらく経って、ある国際会議の席で、このときの通訳とばったり会った。あのときばかりは緊張のあまり疲れましたよ、と言って笑っていた。

リスクマネジメントを見直す

七三の質問は総じて形式的なものばかりだった。この日の取り調べは、××××社に対する脱税容疑を立件するための参考証言を得るためで、ロシアトヨタに対するなんらかの容疑にもとづくものではないように思われた。

ところが直後、わたしや販売部長への証人喚問がおこなわれるのと相前後して、モスクワ市の複数の税務犯罪部署から膨大な量の書類を提出するように相次いで指示書がとどいたのだった。

まず十一月二十五日、内務省モスクワ市税務犯罪局から、モスクワ市内の部品販売業者六社との契約書とすべての関係書類の原本ならびにコピー一部の提出指示書がとどく。

つづいて十二月五日、今度は内務省モスクワ市中央地区税務犯罪課から、二〇〇二年以降、つまり創業から現在にいたるまでのすべての契約書と関係書類を五日以内に提出するよう指示書がとどく。理由は明記されていなかった。九日には、ふたたび内務省モスクワ市税務犯罪局より、創業以来すべての車両の通関書類を提出するよう指示書がとどく。理由と期日は明記されていなかった。そして十三日には、またしてもモスクワ市中央地区税務犯罪課から、なぜか出向者全員の住宅の賃貸契約書類を三日以内に提出するよう指示書がとどいた。理由は明記されていなかった。

どうやら顧問弁護士が見立てたとおりの展開になった。最初にモスクワ市税務犯罪局から指示された書類を用意するだけで、ざっと見積もって、ひとりが一日八時間費やすとして延べ三六日もかかる膨大なコピー作業が必要だった。これはもう明らかに業務妨害をねらった悪質なハラスメントだった。

証人喚問は形式的な手順にすぎなくて、彼らは証拠が見つかるまで延々と調査をつづけるつもりだろう、と弁護士は言う。示談に持ちこみたい素振りなど見せようものなら、それこそ彼らの思うつぼだった。まさに狂気の沙汰というほかない。事ここに至ったからには、捜査が長期化するまえに全力を挙げて封じ込めるしかなかった。

ただちに、本社から公式的なコミュニケーションルートをつかって、海外部門担当の副社長(前年六月に工場進出交渉をしきった鬼軍曹である)から、東京のロシュコフ駐日ロシア大使(当時)をつうじて経済発展貿易省のグレフ大臣宛にクレームレターが発出された。

現地では、T社長がモスクワ市警察の上層部に直接はたらきかけた。

わたしも会社の人脈をつかって動いた。

そしてこの間、シェープキナのオフィスでは、法務部長と顧問弁護士が当局に対して正式にクレームをおこなうかたわら、経理部ではエレーナがモスクワ大学からアルバイト学生を一三人雇い、週末の夜を徹してコピー機をまわしつづけ(途中、大型コピー機一台をつぶしたことを記しておこう)、まずは十二月八日に小型トラック一台分の書類をひもで束ね、モスクワ市税務犯罪局の入口にトラックを横づけして運びこんだ。そして、この時点でいったんコピー作業を休止させた。当局の係官は書類を仮置きするスペースをつくるのにおおいに困惑したそうだ。まったく笑止千万な話だった。

結局、さいわいにも捜査は十二月十五日にモスクワ市の内務会議において正式に停止され、その後もいくらかくすぶったようだったが(捜査を閉じるための形式をととのえる必要があったらしい)、二〇〇六年の年が明けてしばらくしたころにはそれもどうやら終息した。同時に、モスクワ市税務犯罪部署による書類の提出命令が、内務省付属捜査委員会の指示にもとづいておこなわれた度の過ぎた調査だったことについて、後日、モスクワ市税務犯罪局長名でわたし宛に書面にて謝罪があった。本社や大使館を巻きこんだ各方面へのはたらきかけが功を奏したようだった。

この一連のできごとは、会社にとってはもちろんはじめての経験で、ロシア社会におけるプレゼンスが大きくなればなるほど晒されるリスクも大きくなっていることを思い知らされた。従業員には、すでに十二月はじめに全員を集めて、会社にいまなにが起きているか、会社としてこれにどう対処していく考えか、情報と課題を共有するつもりでオープンに説明した。そして、日本の本社と一体になってロシアにおけるトヨタのビジネスを守り抜くことを約束して、皆の協力をもとめた。従業員も安心してくれたようだった。残念ながら、ロシアはいまだ成熟しておらず、欧米や日本の通念に照らしてみると「ふつうの国」からは遠かった。ここでは犯罪は容易につくりこまれ、したがって正義はなきに等しい。個人的にロシアのことは嫌いではなかったが、わたしはこのことをしかと胸にきざんだ。

同時に、これを機に、会社のリスクマネジメントを強化することにした。まず、法務機能を充実させた。法務部長に加えて、社外に有能で経験も人脈も豊富な（つまり、欧米流の考え方を理解し、かつロシア社会にも顔がきくということ）ふたりのロシア人弁護士を非常勤の顧問として確保した。また、最も重要なステークホルダーでもあるディーラー経営の健全化をはかるため、経理・財務に調査機能を付加して、販売部と協力してすべてのパートナーの財務データを定期的に監査するとともに、顧客データを洗ってリセール（再販売）の見直しを指導することにした。

「ニシタニ君のことだから、すぐにゲロを吐くのではないか」

そう口では軽く冗談を飛ばしながらも、あのときばかりは、さしもの鬼軍曹が心配して落ち着かない風だったとは、後年、本社の部下たちから聞いた話である。不徳のいたすところと恥じている。

一方、あの奥田会長が、万一のときはいつでもモスクワへ救出に飛べるようにと、秘書に命じて名古屋の空港に社有機を待機させていたと、後日、鬼軍曹から聞かされた。「財界の総理」ともあろう多忙な御仁が、ロシアへ送りこんだ一介の部下のことをそこまで案じてくれていようとは思いもしなかった。自ら社有機で救出に乗りこむ、というのもそのひとらしかった。

それから二年ちかくが過ぎた秋、いっしょに旅をしたシベリア鉄道の車中でそのことを話題にすると、そんなことがあったのか、というような、思い出し顔で小さく笑っていた。

ところで、二〇〇五年の年末にはこんなできごともあった。

春さきに雪の重みで部品倉庫の屋根の一部が崩落したことはまえに書いた。十月に屋根が復旧したのち、その年末に棚卸をおこなったところ、原因不明の巨額差損が生じたのだ。盗難が疑われたため、警備を強化し、出入口に監視カメラと金属探知機を設置した。が、犯人はわからなかった。

そこで、クラスヌィ・シュトルム（例の警備会社「赤い嵐」である）の社長と相談して、警備員のなかにひそかに別動隊を忍ばせて調べたところ、倉庫の作業員（その多くはアウトソーシング、いわゆる労務サービス会社から派遣される作業者だった）とごみ収集業者がつるんだ仕業とわかり、しかも事もあろうに「赤い嵐」の警備員までがそこに一枚加わって、監視カメラと金属探知機を操作してごまかしていたこともわかった。いったん気をゆるすと、どこでどう足をすくわれるか底が知れなかった。ただちに「赤い嵐」と協議して警備体制を刷新した。

社会の鼓動を聴きながら

未成熟な社会をそのままに、経済はダイナミックに成長しはじめた。原油高とルーブル高のもと、資本主義がもたらす豊かさをもとめて誰もがしのぎを削っているようにみえた。

その半面、巨額のオイルマネーの流入によって物価も急激に上昇した。貧富の差が拡大して、社会のひずみも身近に感じられるようになった。また、経済のそこここに利権がはびこって、行政の腐敗、汚職と賄賂が蔓延（まんえん）した。交通警察のいやがらせもひどくなった。渋滞中のハイウェイで不意に車を止められて、いったん路肩へもどるように指示されて、言われたとおりに車をバックさせると、すかさず、交通違反だ、といちゃもんをつけられて罰金をむしりとられたりもした。外国人が路上で暴行されるぶっそうな事件も相次いだ。テレビの政治討論番組では社会不安の高まりが指摘され、また新聞には、社会で起きている諸問題の多くはロシアでビジネスをする外国人に起因するといった根拠なき論評もあらわれた。

赴任まえのことにもどるが、二〇〇三年にユーコス事件があった。ユーコス社はロシア第二の石油会社だったが、プーチンはオーナーで「石油王」の異名をとるミハイル・ホドルコフスキーを脱税容疑で逮捕し、さらにはユーコス社そのものを解体したのだった。彼は、現代ロシアで〝オリガルヒ〟と呼ばれる政商のひとりだったが、『フィナンシャルタイムズ』紙をはじめ欧米メディアは、これをプーチン政権による市場経済化への逆行と断じていっせいにプーチン批判の狼煙(のろし)をあげた。ロンドン・エコノミスト誌のロシア特集は、シベリアの刑務所に囚われの身となり、鉄格子の向こうで自由をうばわれたこの企業家を、あたかもプーチンの強権政治とたたかう民主化のヒーローであるかのごとくにまつりあげて、丸刈り頭に囚人服姿の大きな写真付きで報じていた。

けれども、多くのロシア人たちがこのできごとを見る目はそれとはちがっていた。筆者も赴任後モスクワで、彼がシベリアの巨大な油田資産を財源にして派手なロビー活動をおこない、政治を意のままにあやつろうとしていた一面を、知人のひとりから聞いた。彼は、ユーコス株の一部をオイルメジャーのエクソン(米)やシェル(英蘭)に買ってもらい、自らの後ろ盾にしようとしてもいたらしい。つまり、ロックフェラーをはじめ、欧米の巨大石油資本の力を恃んでプーチン政治に挑もうとした。国家主義者のプーチンにとり、これはまさしく国家と資本の対決にほかならなかった。そのため、彼はいわば権力の意思としてホドルコフスキーを別件逮捕し、政商たちの野放図な活動にとどめを刺そうとしたのだ。その知人はユーコス事件の背景をこう説明した。

いずれにせよ、この事件は欧米の政財界にはショックだったが、プーチンはこのころから欧米流の自由な市場資本主義に同調することをやめ、国家に管理された資本主義の方向へ修正の舵をきる。それは、ひとことでいえば、天然の豊富なエネルギー資源がもたらす利益と一体になった中央集権的な政治をめざすことではなかったかと思う。

前章で、プーチン政権によるフラットタックス税制の導入が画期的だったと述べた。実は、プーチンは大統領就任後、これとならんでもうひとつ重要な税制改革をおこなっている。すなわち、原油とガスの輸出関税と採掘税の確立がそれである。しかも、税率は輸出価格に連動する、とされた。つまり、油価が高騰すれば、税収も左うちわで増えるしくみである。プーチンはこうした一連の税制改革によって連邦政府の財源を確保し、石油・ガスが生む、いうなればレント（超過利潤）を中央に吸いあげることによって、脆弱だった財政基盤を強化することに成功したのだった（もっとも、この点での強さが、同時に弱さでもあったことは、いまとなっては明らかなのではあるけれど）。

実際、ユーコス事件後、彼は一九九〇年代のエリツィン政権下で民営化された石油や天然ガス産業をつぎつぎにクレムリンの管理下にもどしていく。また、原油価格が上がって財政にゆとりができると、国際通貨基金（IMF）に対する債務（ソ連崩壊後の混乱期における金融支援によるもの）もきれいに耳をそろえて返済した。金輪際、アメリカの言いなりにはなりたくない、という意思表示だったのだろう。そして、経済における行政の役割を大きくし、政治はプーチンを頂点とする権威主義的な専制へと向かった。結局、アメリカにとってはふたたび「可愛くない国」にもどりはしたが、こうしてロシアは経済を再建し（折からの原油価格の高騰という僥倖（ぎょうこう）はあったにせよ）、大国としての誇りを取りもどしていくのだった。

国民の多くもそれを支持していた。なにしろプーチンがロシアを救った功績は大多数の国民が一致してみとめるところだった。たとえ欧米メディアの評価がどうであれ、筆者の知るロシアのひとびとからすれば、彼は祖国を分裂と崩壊の淵から救いだし、国家としての一体性を回復させて、ふたたび大国へとみちびくための道筋をつけた恩人でもあったのだ。モスクワのトヨタではたらく部下たちも皆、ほとんど異口同音にそう言っていたし、世論調査による支持率も七〇％をこえていた。彼の強権的なやり方を肯定するつもりはなかったが、わたしはモスクワにいて、ロシア社会の現状をそのように理解していた。

もっとも、その後のできごとの推移をつぶさに追ってみると、この転換は、〝オリガルヒ〟にかわって軍や治安関連の特務機関の出身者たち（いわゆる〝ボリシェビキ〟ならぬ〝シロビキ〟、つまり革命ロシアの社会民主労働党の「多数派」ならぬ現代ロシアの「力の一派」と呼ばれるひとたち）が天然資源のもたらす巨大な利権を手中にしただけ、ということだったかもしれない。また、そうして形成されたあらたなエリート集団のバランスのうえに、その後のロシアの支配構造が再構築されたにすぎない、とクールにみることもできるかもしれないのだが。そして実際、この事件以後、エリツィン時代に冷や飯を食わされた連邦保安庁（略称FSB、ソ連時代のKGBの後継組織）はじめ治安関連の特務機関に所属するひとびとやそのOBたちが政府系企業の幹部につぎつぎと抜擢され、社会でにわかに息を吹きかえしてきたようにも思う。

欧米を激しく非難する報道や、国民のナショナリズムを鼓舞する動きもひろがっていた。赴任して一年ちかくが過ぎた年末、ウクライナの大統領選挙で親欧米派のヴィクトル・ユシチェンコ候補が勝利すると（いわゆる「オレンジ革命」である）、ロシア国内では、これを西側勢力によって扇動されたものとするプロパガンダがいっきにひろまった。そして、翌二〇〇五年の春さきにはクレムリンの主導で地方の州が再編されて、知事が公選から大統領の任命によって決まることになるなど、プーチン中心の統治を強化するうごきがはじまっていた。政治は中央集権化の方向へはっきりと舵をきっていた（ただし、州知事についてはその後、メドヴェージェフ政権下の二〇一二年五月にふたたび公選制にもどる）。

外向きにはＷＴＯへの加盟をめざして国際社会でのフェアプレーヤーをよそおう一方で、国内では石油、天然ガスをはじめ大小の資源産業がロスネフチ（ロシア石油）や国営ガスプロム（ガス工業）など一部の政府系（もしくは政府にちかい）エネルギー企業のもとに集約され、また航空、造船、電力をはじめ基幹産業は分割民営化に逆行していくつかの巨大戦略企業群に統合されて、治安・情報機関や軍出身派閥の大統領の側近たちがそれらの要職につくなどの動きがいつのまにか相次いだ。同時にこのような動きと並行して、私企業の活動に対しては、経済犯罪の取締りを名目にした強制捜査、許認可の遅れや急な取り消しなど、さまざまなかたちで圧力が加えられるようになってもいた。筆者たちに対する証人喚問も、こうした変化のなかでのできごとのひとつだったのではないかと思う。

ちなみにその後、二〇〇六年の夏から秋にかけて、日本の商社も出資していたサハリン島の天然ガス開発プロジェクトが、ロシア政府による一連の資源管理の集中化がすすむなかで、国営ガスプロムに支配株の譲渡を余儀なくされるできごとは日本でも注目された。また、イギリスのオイルメジャーのBPがロシア資本と合弁で設立した石油企業TNK-BP社に対して、脱税容疑や労務問題を理由に内務省による査察が繰りかえされ、BP本社から送りこまれる外国人の雇用枠が多いことが問題視されるなど、ロシアでビジネスをおこなう外国企業をめぐるトラブルが相次いだのもこのころだ（後年、このTNK-BP社はついにロスネフチに買収されることになる）。

たまたま筆者とおなじ住宅にBPの幹部一家も住んでいたのだが、ときどき週末に通りでばったりいきあうと、ロシア政府による執拗な圧力を憂鬱そうに嘆いていたものだ。

ソ連が崩壊し、共産党の独裁が終わって、新しい憲法（一九九三年十二月制定）に基づく法の支配と社会の民主化が期待されたが、現実は必ずしもそうはすすんでいないようだった。街角のキオスクに、プーチンのマトリョーシカ人形（おなじみのロシアの伝統的な民芸品のひとつである）が登場していた。なかの入れ子を順番にひらいていくと、エリツィン、ゴルバチョフ、ブレジネフ、スターリン、レーニン、ピョートル大帝とつづいて、最後に現れたのは米粒大のイワン雷帝。近代ロシアの歴史は、一貫して権威主義的な専制君主国家のそれだった。上からの垂直的な統治がおこなわれ、下には上にしたがう多数の国民がいる。このレジームは破壊されることなく、いまも静かに息づいているということかもしれない。

表面からはうかがい知れないかたちでなにかが変わりつつあるようだった。

わたしは社会の鼓動に注意ぶかく耳をかたむけた。

第三章　一燈を提げて行く

建設途中のオフィス棟外観
外装工事がほぼ終了し、内装工事が本格化する。
地上4階建て、総フロアー面積9900平方メートル。
(2008年4月、撮影：TEAM IWAKIRI)

「一燈を提げて暗夜を行く」（佐藤一斎『言志四録』㈢「言志晩録」より）

あのころロシアでビジネスをしていくのは、まさしくそういうことだったのではないかと思う。成熟した社会のまっとうなビジネス環境のなかで、すでに存在する仕事のプロセスを観察して課題を見つけ、それを改善していくこととはそもそもわけがちがった。とにかく粗野で不条理に満ち、いつどこに見えない落とし穴がぽっかり口をあけているかも知れず、迂闊に行動すればまるでなにが起きてもおかしくないような社会だったように思う。そのなかで、コンプライアンス（企業として守るべき法令や規則）を道しるべとしてそれを実直に守り、ビジネスのしくみをつくり、スケールアップし、ひたすら前を向いてすすんでいくのである。

「暗夜を憂うること勿(なか)れ。只(た)だ一燈を頼め」

江戸後期の儒者は、力点をつねに未来においたという。五年三ヵ月の在任中、わたしはいつもこの言葉とともにあったように思う。そして、心中高く松明(たいまつ)をかざした。

トリノ五輪余話

二〇〇六年三月はじめのことだったと思う。

その年の二月にイタリアのトリノで冬のオリンピックが開催された。フィギュアスケートの男子シングルでロシアのエフゲニー・プルシェンコ選手が圧倒的な演技で大勝すると、女子では日本の荒川静香さんがアメリカのサーシャ・コーエン選手とロシアのイリーナ・スルツカヤ選手をフリー競技の逆転でやぶって見事金メダルに輝いた、あの冬のオリンピックだ。ロシア選手の活躍に国内が沸いて、その余韻も冷めやらぬままに月が変わってまもなくのころだった。

午後、日本大使館から会社に電話があった。

訊けば、トヨタがロシアのオリンピックメダリストへ自動車をプレゼントする件について、大統領府から大使館に問い合わせの電話があったので、よろしく対応してほしい、とのこと。電話を受けた部下のほうも、狐につままれた思いだったにちがいない。

テレビのスイッチを入れると、プーチン大統領主催の晴れやかな祝勝パーティーのニュースが流れていた。

大統領が祝辞の途中で手もとのメモから目をはなすと、台本なしのアドリブでつづける。

「実は、皆さんにサプライズがある。われわれの日本の友人が（プーチンは特別に友好の気持ちを込めて話すときに、よくこのフレーズをもちいた）ピーチェル（サンクトペテルブルクの愛称。ロシア人のあいだではふつうそう呼ばれる）に自動車工場を建てていることはご存じかと思うが、残念ながら生産がはじまるのはまださきのことで、今日のこの場には間に合わない。そこで、ビジネスマン有志の協力により、男性メダリストにランドクルーザーを、女性メダリストにレクサスRXをプレゼントすることにしたい」

会場全体に明るいざわめきが波を打つ。

けれども、おそらくこれを聴いてあわてたのが大統領府の総務局だった。これはいったいどういうことだ、どうしたらよいのかと、取るものもとりあえず日本大使館へ問い合わせた、というわけだったのだろう。

「こういうことは事前に一報してくれないと困ります」

大使館員にそうたしなめられて、電話を受けた当人も当惑するしかなかったそうだが（と言いながらも、その部下は、わたしがかげでこっそり仕組んだのではないかと疑って、上司の胸の内をさぐるような眼をしながら狐疑(こぎ)、悪戯っぽい薄笑いを浮かべていたのだが）、さりとてトヨタは関知しないことと無碍(むげ)に放っておくわけにもいかず、それになにはともあれ、大統領の指名を受けてロシアのトップアスリートたちに自社の車に乗ってもらえるとは、これはまたトヨタにとってもこのうえない名誉なサプライズであることにはちがいなかった。

そこで、さっそくアポイントメントを取って翌週、販売部長といっしょに大統領府に総務局長をたずねることにした。

総務局長から、ランドクルーザー一七台とレクサス一八台、あわせて三五台のオーダーがあった。

「納車はいつになるか？」

わたしは光栄なお話をいただいたことにていねいにお礼を述べたあと、まずは急ぎ在庫をしらべ、また本社とも相談のうえ、納期について後日あらためて連絡したいと応じた。わたしが英語で答え、それを販売部長のサーシャがロシア語に通訳した。公式な会談は英語のほうが、通訳の入る分、考えるゆとりができて間違いがなかった。

「価格についても特別な配慮を願いたい」

と、総務局長はつづけた。

「もちろん、最大限考慮します。それで、ときにお支払いは……？」

「現金で買いたい」

「……？」

サーシャが咄嗟（とっさ）にわたしのほうに視線をむけた。ビジネス上の資金の受け払いはすべて銀行を通しておこなうきまりになっている。いくら大統領府からのリクエストとはいえ、現金での取引きはご法度である。もしかして裏金……？　と、あぶない言葉が脳裏をかすめた。きっとサーシャもおなじ思いだったにちがいない。

また会談中、総務局長はこうも付けくわえた。

「大統領自身も言っているように、この件はビジネスマン有志の篤志によるもので、大統領府はあくまでその橋渡し役にすぎない」

そして、

「大統領府の名前が表に出ることは避けたい」

と、念を押したのだった。

総務局長の発言に、いまひとつ歯切れの悪いところがあるのが心にひっかかった。帰りの車中、わたしはしばし思案したのち、販売部長にふたつアドバイスした。この件については、トヨタとしては必要な台数の車両を確保はするが、商談そのものには一切かかわらないよう慎重にすすめること、また今日の話をただちにモスクワのディーラーにつたえて大統領府へコンタクトさせ、先方の指示にしたがってすみやかに商談をすすめてもらえるようお願いすること。

それから、なにごともなくおよそ一ヵ月半が過ぎた。くだんの商談についてはその後、モスクワのふたつのディーラーが窓口になってメダリスト本人とのあいだで売買契約が取り交わされ、メダリストの代理人たちがディーラーをおとずれて直接、購入することになったと報告を受けていた。

さて、四月二十一日は週末の金曜日だった。はたしてその日、正午過ぎからモスクワ川の畔(ほとり)をいくルジュネツキー通りに面するロシアオリンピック委員会の入る建物まえの広場に、三五台のトヨタとレクサスの新車がずらりとならべられて贈呈式がおこなわれた。タガチョフ委員長（当時）から、ここに用意した車はどれも国家からの贈り物、プーチン大統領からのプレゼントであると述べられた。そして、オリンピック委員会スポークスマンの発言として、購入には「ロシアオリンピック基金」が使われたことも明らかにされた。資金はオリガルヒから上納されたものと思われた。

この日のトヨタ側の段取りは、すべてディーラーにまかせると決めていた。わたし自身もふくめ、ロシアトヨタからの出席は見合わせた。正式な招待状は大統領府からもオリンピック委員会からも届いていなかったからだ。もっとも、大統領が出席するとなれば、わたしも駆けつけるつもりでいたのだが、どうやらその必要はないようだった。プーチンが出席するときには、前日に会場周辺のセキュリティチェックが入念におこなわれ、当日は数時間まえにライフルをもった狙撃部隊がまわりに配備されることを、わたしは前年六月におこなった鍬入れ式のときの経験から知っていた。が、そういう動きにはならず、プーチンも来なかった。

他方、その夜のテレビニュースや翌日の新聞各紙には、喜びを満面に湛えたおなじみのアスリートたちの様子が、プレゼントされたランドクルーザーやレクサスとともに写真付きで大きく報じられた。けれど、大統領府のことはどこにもふれられていなかった。ちまたでは、この一件はトヨタが水面下で画策したのではないかと噂されていた。迂闊にも自分が軽い気持ちでこの場にいたら、メディアに取り囲まれて、それこそどうなっていたことかと考えるだけで肝が冷やされる思いがした。危うく地雷を踏んでしまうところだった。

あくる土曜日の夜、全ロシアスポーツ協会主催の年間スポーツ大賞の表彰式〝スラーヴァ〟(「栄光」の意)に招かれた。これより少しまえの三月にモスクワで開催された室内陸上ワールドカップで、トヨタはゼネラルスポンサーをしていた。それへの返礼として、わたしもその式典に招かれたのだった。テーブルで、偶然にもなん人かのメダリストたちと同席した。わたしからお祝いの気持ちをつたえると、うれしそうにウインクを返しながら車のキーを見せてくれた。そこには、トリノ五輪のロゴマークが特別に刻印されていた。モスクワのディーラーの粋な計らいだった。

こうして、すべては事なきを得て終わった。

自動車の販売は相変わらず順調に伸びていた。

その週末、わたしは日本の本社とトヨタヨーロッパの上司に宛てて簡単な礼状をしたためた。

——この度の一件につき、特別の計らい、また貴重なアドバイスを賜りましたこと、厚くお礼申し上げます。なお、本日のモスクワは春、快晴。四月、月販九〇〇〇台越えをめざして匍匐(ほふく)前進中です。関係の皆様によろしくお伝えいただければ幸いです。

大統領府へは後日、お礼の挨拶にうかがった。

ロシアの〝ボディ〟と闘う

一方、おなじその春、創業以来はじめての税務調査が会社に入った。

ロシアでは、企業に対する税務調査はふつう三年に一回と決まっていた。二〇〇四年一月に着任したころは、サドーヴォエ環状道路から小路を入ったところに建つビジネスセンターにひっそりと隠れるようにしてあったロシアトヨタは、そのころになると従業員も一五〇人を数え、八階建てのオフィスビルの四フロアーをしめて（七、八階が空いたのを機に借り増していた）、年商一五〇〇億円をゆうにこえる堂々たる会社になっていた。

調査の初日に税務官より、二〇〇六年一月からロシアトヨタが売上高で高額納税者にランクされたこと、またそれにともなって管轄が地元のモスクワ市第二税務署から中央税務署へ移り、今後は二年に一回調査がおこなわれることなどの説明があった。調査の対象期間は二〇〇三年一月から二〇〇五年十二月までの三ヵ年（ただし、実際に調べられたのは二〇〇四年十二月までの二ヵ年分）。三人の税務官が担当し、調査そのものは三月なかばにはじまって二ヵ月ほどで終了した。

さて五月なかば、調査を終えるにあたって税務官のひとりから口頭で九つの問題点が指摘され、追徴金が巨額にのぼる見通しになることが内々に知らされた。けれどそのとき彼女の口から、自分の経験では、ロシアトヨタほど厳正かつ適正に経費処理がおこなわれて納税義務が果たされている例はこれまでなかったが、自分には追徴金のノルマがあって、数字を達成しないと自身の業績にひびくのだという、取ってつけたような言い訳めいたコメントがあった。どことなく含みのある言い方だとは感じていた。

ところが、あにはからんや数日後、なんと追徴金の一％を支払えば、税務官は報告書から問題事項を削除する用意がある、という非公式なディールが第三者を介して持ちかけられたのだ。

そのうえ、こう通告されたのだった。

「これを拒否することは、ロシアの〝ボディ〟と闘うことを意味します」と。

〝ボディ〟とは字義どおり、ロシア社会の「生きた身体そのもの」を意味していた。なかば脅しにちかい殺し文句だと思った。

「ニシタニさん、いよいよロシアの〝ボディ〟との闘いですよ」

経理部長は、〝ボディ〟の一語をことさら強調するように言っておどけてみせた。

ところで、この通告をうけて、会社として取り得る選択肢は三通りあった。

すなわち、ひとつは、指摘された事項をみとめて追徴金と罰金の支払いに応じるか？

または、税務官とのディールに応じて、指摘された事項を報告書から削除させるか？

あるいは、それを拒否して、あくまで会社の経費処理の正しさを主張して法廷で争うか？

たしかに当時のロシアという国の現実を考えると、税務官とのディールに応じることはビジネスをスムーズに運ぶための、ある種のコストと割りきることもできたかもしれない。実際に欧米企業のなかには、毎年数億円あまりをこうした事態に対処するための予備費として計上しているところもあると聞いていた。

また他方、それを拒否して裁判で争うとなれば、ただでさえ販売が急速に伸びるなかでヨーロッパのトヨタでいちばん忙しいはずだった従業員たちに、いっそうの無理を強いる結果になることもわかっていた。経理部長のエレーナは、連日の調査への協力で持病の腰痛を再発させてもいた。それに、たとえ法廷で争ったとしても、この国に正義など存在しないことは前年末の苦い経験から身をもって学んでいた。裁判による企業側の勝率は二〇％以下ともいわれていた。勝てる保証などなかったし、相応の費用もかかった。

したがってそう考えると、ここはいっそ素直にディールに応じて簡単にすませてしまうほうが、むしろ要領をわきまえた現実的な対応といえるかもしれなかった。そして実際、多くの企業がそのように考えて、そうして流れたマネーが月給一〇〇〇ドルにもとどかない税務官たちの家計を助け、毎日の生活を営々として支えているのも現実だった。ロシア社会がさまざまなかたちのインフォーマルな取引きを内に秘めてなりたっていることはわたしも知っていた。おまけに好景気によるインフレで、日々の食費や教育費、医療費など、国民にはなにかとお金のかかる社会になってもいた。前年末にわたしを喚問した捜査官にしても、また然りだったのだろう。〝ボディ〟とは、そのような生々しい社会のあり様そのものにほかならなかった。

だがしかし、創業以来、ロシアトヨタは欧米と地場の複数の会計事務所と逐一相談し、すべての経理と税務をロシアの法律に則ってダブルでチェックしながら処理してきていた。そのため経理部長には、指摘された九項目のうちの一部をのぞけば、そのほかはすべて適正に処理されているという職責上の自負があった。またわたしとしても、会社のやってきたことに非がない以上、あえて正義を曲げる理由などなかったし、そのうえいったんディールに応じてしまえば、トヨタは話のわかる企業だという噂がたちまち社会の知れるところとなって、いずれはもっと大がかりなたかりの標的にされて、将来に取り返しのつかない禍根を残すことになりかねないように思われた。

それにわたしには、ロシアという国の現実がどうであれ、トヨタがよき企業市民としてフェアでオープンでありつづけることこそ、わたし自身の重要な責務のひとつであるという矜持にちかい思いもあった。日本やヨーロッパからの出向者とはちがって、現地で採用された従業員とその家族たちは、税務官がいみじくも〝ボディ〟と呼んだ、まさしくその不条理な社会に属していた。彼らが自分たちの生きる社会の将来について確たる理想と希望を持てるためにも、トヨタはそういう会社でありつづけなければならない。彼らの思いにこたえるためにも、トヨタはロシア社会の悪しき面とは一線を画しているべきだった。

そこで、サポートグループ担当役員のアンジェイとも相談のうえ、この際、トヨタがディールに応じない会社であることを断固としてしめしておく必要があると判断して、わたしの考えを経理部長に説明したうえで、ディールを拒否する旨を先方につたえさせた。そして、ただちにアンジェイを中心に、経理部長、法務部長に社外の弁護士と税理士を加えてタスクフォースを編成し、その後の展開と対策を協議して、必要なアクションを準備することになった。こうして二〇〇六年の暑い夏がはじまったのだった。

もっとも、そうは言いつつも、わたし自身はロシアの〝ボディ〟と裁判で争うなど、できれば避けたかった。税務官の主張に合理性がみとめられ、お互いに歩み寄ることのできる範囲であれば、追徴金や罰金の支払いに応じることもやぶさかではなかった。異議を申し立てて法廷で争うことになれば、追加的な調査がなかばハラスメントにちかいかたちで五月雨式につづくことは容易に想像できたし、また最終的に勝っても負けても、いずれにせよ、当局とのあいだにしこりを残すと考えられたからだ。それになによりも、トヨタはロシアでビジネスをしていた。そうであるかぎり、ロシアの社会を敵にまわすわけにはいかなかった。

ロシアトヨタのディール拒否を受けて、五月末から六月はじめにかけて、税務官たちが証拠固めのために追加的な書類の収集におとずれるようになった。

暑い夏のさなか、気の重い情報戦がはじまった。

来訪する税務官を迎え撃って、経理部長と税理士から会社の経費処理に瑕疵のないことを繰りかえし説明し、彼らの指摘のひとつひとつにていねいに反論するなどしてプレッシャーをかけた。

「『七月の休みは取れないわよ、あなたもお気の毒ね』ですって……」

税務官から皮肉っぽくそう言われたと、エレーナが痛めた腰を庇(かば)いながら苦笑いしていたのもそのころだ。

同時に会社からは、トヨタはサンクトペテルブルクで工場を建てており、プーチン大統領からも「われわれの日本の友人」として特別に期待されていること、またロシアにおけるトヨタの経験は日本とロシアの関係筋だけでなく、アメリカやヨーロッパの産業界からも注目されていることなどについて、社外の調査会社やコンサルタントをつうじてさまざまなチャネルで発信しつづけた。

さすがに税務官もしだいに慎重になりはじめているようだった。

いよいよ大詰めが近づいたと思われた七月には、上位機関の財務省や会計検査院をつうじて、トップダウンで直接、税務署長にはたらきかけたりもした。

そして結局、八月なかばに調査結果についての正式な報告書を受け取った。多くの点でロシアトヨタの主張が認められ、追徴金は三ヵ月まえに税務官から口頭で知らされた額の二〇分の一以下にまで減額されていた。さらに異議を申し立てて争うこともできたが、指摘された事項をつぶさに吟味したところ、これを承諾したとしても将来のリスクにつながる怖れはないと判断し、反論を最小限にとどめて矛を収めることにした。

こうして税務調査の夏は終わった。その後、さらに細部の応酬がつづき、追徴金と罰金の支払いをすませ、すべてが片づいたころには秋がにわかに深まっていた。

ところが、この件には後日譚がある。

それから二ヵ月ほどが過ぎた十一月なかば、会社に内務省の強制捜査が入るできごとがあった。黒い目出し帽をかぶった屈強そうな一〇人の捜査官たちが突然まえぶれもなくあらわれて、打ち合わせ中だったわたしの執務室に靴音をひびかせて荒々しく押し入ってきたのだ。

なにごとかと思って咄嗟に立ちあがって遮ろうとすると、リーダー格の男が、内務省モスクワ市中央管理局の署名のある捜査令状をしめした。肩からさがったホルダーの黒いカラシニコフが眼にとまって、出ていってくれ、という言葉をのんだ。問答無用の雰囲気だった。法務部長の立ち合いのもと、わたしや経理部長、販売部長たちのパソコンや書類ファイルなどを押収して三〇分ほどで引き揚げていった。ロシアの〝ボディ〟から焼きを入れられたのだった。

実は、例の税務官が内務省と連絡を取りあっていたことは以前から知っていた。五月に書かれた最初の調査報告案のコピーが、税務官から内務省の経済犯罪担当部署に送付され、四つの刑事事件の立件が準備されているという情報をつかんでいたからだ。ディールを拒否された彼らが態度を硬化させて、社会の〝ボディ〟を代表して報復を企てたのかもしれなかった。ただちに内務省に宛ててクレームレターを送った。

数日後、オフィスが所在する地元の税務署から呼びだされた。税務調査を担当した中央税務署ではなかった。通訳をともなって身がまえて出頭したにもかかわらず、質問らしい質問もなくインタビューが終わると、押収されたパソコンや書類のファイルは無事返却された。

他方、リスクマネジメントは会社の将来にとってますます重要な課題になっていた。業績が伸びて会社が大きくなれば、世間からなにかと注目されることもまた避けられなかった。

くだんの税務調査では、法務部長の対応がわるいことを、担当した税務官のひとりから指摘されてもいた。法務部長は創設時からのメンバーのひとりで、優秀な紳士だった半面、法律の専門家として唯我独尊的なところもあった。もしかしたら、わたしの気づかないところで当局とのやりとりで失礼な対応や不手際があったかもしれない。また、社内の評判もそれほどよくなかった。なんでもない契約書の細部にこだわってなん度もつくりなおしを強いたりするなど、融通のきかないひとがらに対して、オペレーショングループの若いメンバーたちのあいだに不満がくすぶっていたことも副社長のアンディから聞いていた。そこで、この機会に思いきって彼に退職をすすめて法務部の陣容を刷新することにした。

あたらしくヘッドハンティングした法務部長は、人柄もオープンで気さくなうえに実践的な考え方の持ち主で、自らフロアーを歩いて御用聞きにまわることを日課にするなどして、従業員の評判は上々だった。仕事にきびしいはずの物流部長のコスチャまでもが、めずらしく彼のことを褒めていたことを憶えている。この機会に定型的な契約書類の作成を外の弁護士事務所へ委託することにし、かわって法務部にリスクマネジメントのミッションを正式にあたえて、それからしばらくして彼を経営会議のメンバーに加えることにした。

三つの要諦——経理・財務、法務、物流

当時のロシアは粗野で不条理に満ちていたと思う。

けれどもわたしにとり、それははじめから織り込みずみのはずだった。そして、トヨタはそういうロシアへ進出してビジネスをしていた。現地で自動車を生産することも決めていた。そうであるかぎり、現実から逃げるわけにはいかなかった。どうにかして乗り越えていくほかなかった。

いや、むしろわたし自身は、当時のロシア社会が内包するさまざまな矛盾と向きあいながら、そういうロシアの発展とともに存在し、若い人材をそだて、彼らとともに成長していくことこそが、ロシアへ進出したトヨタのすすむ道でありたいとねがっていた。リスクを負うとはそういうことだ。現実を嘆くばかりでは、なにごともはじまらなかった。

これまでに記したような苦い経験から、わたしはビジネスの兵站線を支える物流に、経理・財務と法務を加えた三つの機能こそがロシアで事業をおこなっていくうえでの要諦と考えて、この三つを柱にして最強のチームづくりを心がけた。そして、あらたに人事マネージャーを採用し、リクルート会社を通じて有能そうな人材を見つけては組織を補強した。そのころロシア

進出を検討していた日本企業からの来訪者との面談でも、しばしばこの点を強調したように思う。

とはいえ、有能な人材を確保するためには、当のロシアトヨタそのものが魅力的な会社でなければならなかったことはいうまでもない。

そのためには、まず経営から変わる必要があった。ロシアのことわざに〝魚は頭から腐る〟というものがある。出向者だけがこぞこそ集まって本社のほうを向いて日本語でものごとを決める、というのではなく（とかく日本企業にありがちなパターンだった）、すべての出向者が徹頭徹尾、あくまでビジネスの現場をになうロシア人たちのほうを向いて仕事をする会社でなければならないし、同時にロシア人スタッフを会社の意思決定に関与させ、彼らの主体性をひきだして組織をひとつにまとめることも重要だった。人員は一五〇人をこえたが、日本とベルギーからの出向者はわたしをふくめて六、七人いるだけで、それぞれ任期が終われば交代する。業務をまわす主体はあくまでロシア人たちである。

そこで、出向者に対しては、常に従業員たちのなかへ分け入って、彼らとともに汗を流して仕事をするようアドバイスした。本社の上司へのレポートなどは二の次だった（とは言いつつも、皆せっせと日本の上司へレポートすることを怠らなかったのだが）。

同時に、会社の資金の流れを管理する（当然、逆方向へうごく物の流れもよくわかっていた）経理部長のエレーナを経理・財務担当の役員（経営会議メンバー）に登用し、ロシア人スタッフが経営に参画する道をひらいた。またその後、法務とリスクマネジメントを梃子（てこ）入れするためにあらたにヘッドハントした法務部長のユーリーも、入社後しばらくして同様に処遇したことはすでにふれたとおりである。

他方、従業員への処遇面でも、マネージャー以上の基幹職を対象とするカンパニーカー制度（通勤や業務のための社有車を支給する制度）を導入し、全体的に低くおさえられていた給与体系をみなおしてヨーロッパなみのスタンダードへ段階的に近づけた。

また、あらたにフリンジベネフィット（福利厚生）制度を創設した。プログラムの内容は、経営に対する従業員の参加意識を高めたいねらいもあって、総務部のもとに全社横断的なワーキンググループ（いわゆる「横串〈ヨコグシ〉」である）をつくって検討させた。そして第一段階として、従業員とその家族向けの自家用車の優遇購入制度、欧米の保険会社が提供する団体割引の医療保険（ロシアのそれは適用範囲に制限があったために使い勝手がわるく、これには多くの従業員が期待をよせた）やスポーツジムの法人会員コース（若い層を中心に健康志向が高まっていた）への加入などをパッケージとして導入すると（給料の一部を積み立てる企業年金制度に対する関心はそれほど高くなかった）、その後はそれをベースにして定期的にみなおして、従業員にとってより魅力あるものにつくりあげていくよう総務マネージャーにうながした。

人事マネージャーをリーダーにして、また日本の本社やトヨタヨーロッパの協力も得て、人材育成のための教育研修プログラムの実践にも力をそそいだ。新入社員のための導入教育（トヨタの問題発見アプローチや、ＰＤＣＡの考え方にもとづく業務改善のすすめ方など）と職場先輩制度（入社後一定期間はチームリーダーがマンツーマンで電話の応対やメモの残し方、仕事上のマナーなどの基本動作について責任をもって指導するという、トヨタの新卒者向け教育制度）もとりいれた。

もちろん、こうした制度づくりを段取りしたのは実はわたしではない。日本からの出向者たちがすべてお膳立てしてくれた。彼らにはそれぞれ営業やアフターサービス、経理などの出身部門があり、職場で叩きあげたすぐれたエキスパティーズ（専門的な知識や技能）があったのだが、かぎられた人数のなかで、ひとり二役三役で本社から参考となる資料を取りよせては畑違いの仕事をてきぱきとこなして協力してくれた。とにかく、わたしからはよかれと思ったことはどんどん実行し、すべての活動でPDCAをまわすようにお願いした。

だが、それでも他社に引き抜かれて辞めていく社員も少なくなかった。好景気がつづいて、どの企業も有能な人材を喉から手が出るぐらいに欲しがっていたからだ。とくに韓国企業の引き抜きには手をやいた。ときにはオフィスの玄関で、アタッシェケースに札束を忍ばせてお目当てのスタッフを待ちかまえていたりもした。ディストリビューターの仕事の中枢ともいうべき需給（「タマ繰り」である）を担当するラインでは、若い従業員がいくらかそだったかなと思うころになると、まるで櫛の歯がかけるように辞めていった。若手の育成に力をそそいでいた出向者たちはそのたびに肩を落としていた。

けれども、それに対して特別に対処することはしなかった。処遇に惹かれて辞めていくのは仕方のないことだった。困ったことではあったが、従業員に対しては、いったん去ると決めた人間を無理に引き留めることはしないこと、またトヨタはひとに投資をし、ながい眼で時間をかけてそだてる会社であることなどを説明し、ロシアトヨタでいくらかなりとも経験を積んだ若い部下たちが、競合他社から高く買われて引き抜かれていくことをわたしとしてはむしろ誇りに思いたい、などと皆を集めてスピーチして強がってみせたりもした。

付言すれば、人材育成こそはトヨタの企業風土といってよい。わたし自身も研修をおこなう立場になって、あらためて学ぶことが多かった。プログラムの多くはスキル（仕事に必要な技術）というよりも、むしろメソッド（仕事をすすめるための方法や考え方）に近いものだった。そして、このようなプログラムによって育成された上質で均質な中堅どころの層の厚さが、今日のトヨタの強さを支える原動力になっているのではないかといまも思う。

他方、社内のさまざまな部署から、できるだけ多くの従業員が、地域統括本社のあるベルギーをはじめヨーロッパの国々へ出張できるよう（もちろん日本の本社へも）、機会あるごとに目配りした。

毎年定例の汎ヨーロッパの販売マーケティング会議（トヨタブランドとレクサスブランドで別々に開催された）や、年央の三ヵ年ビジネスプラン会議、年末の次年度予算会議、新商品のローンチイベントなどに加えて、人事、経理、ITシステムをはじめ機能別にさまざまな会議があるなど、トヨタヨーロッパが主催する会議やイベントの多さには閉口する半面、従業員にとっては、むしろそうした行事へ出席するためにヨーロッパへ出張できることが、外資系のトヨタで仕事をするうえでの大きな魅力のひとつでもあっただろう。また、そのようにしてひとりでも多くのロシアの前途有為な若者たちが、自由で洗練された成熟社会の心地よさを肌身で知ることができるとすれば、それはロシア社会の将来にとっても意義ぶかいことのように思われた。

光と影

さいわいにも、ロシア経済は二〇〇六年から二〇〇七年へ向けてますます活況を呈した。ロシアはサウジアラビアと競う世界有数の原油輸出国になっていた。アジアや中国、ブラジル、インドなどの新興国の旺盛な需要に支えられて油価が高騰するなかで、莫大なオイルマネーがロシア経済をうるおしていた。

モスクワのフランス系スーパーマーケットのアシャンでは、一番からなんと一〇〇番まで横一列にならぶキャッシュレジスター（その光景たるや、まさに壮観の一語につきる）のまえに、ロシアサイズの特大ショッピングカートを山盛りにして押して歩く買い物客が長蛇の列をなし（週末の午前中ともなると、三〇分以上も並んで待たされることも稀ではなかった）、シェレメチェヴォ空港やドモジェドヴォ空港の国際線カウンターはおおぜいのビジネス客やツアー客でいつもあふれ、毎日のようにチャーター便が南の国々へ飛びたって、ヨーロッパの地中海岸やトルコ、エジプト、北アフリカの海辺リゾートはどこもバカンスを楽しむロシアの富裕層や中間層たちでにぎわった。ひとびとは自由な消費生活を謳歌し、資本主義経済の恩恵を満喫しているようにみえた。

自動車市場も一路順風、右肩あがりの一本調子で拡大した。

参考ながら、着任した二〇〇四年から二〇〇七年まで四年間のロシアにおける新車の販売台数と、それに対するトヨタの販売台数、市場シェアの足跡を数字でたどるとつぎのようになる。

すなわち、新車の販売台数は二〇〇四年の一四一万台から、二〇〇五年一五七万台、二〇〇六年一九〇万台、さらに二〇〇七年には二五七万台へ。とくに二〇〇六年から二〇〇七年にかけての増加がいちじるしいことがきわだっている。そして、これに対するトヨタの販売台数は、おなじく四万六〇〇〇台からはじまって六万四〇〇〇台へ、つづいて一〇万三〇〇〇台から一五万七〇〇〇台へ。この四年間で市場全体が一・八倍に拡大するなかでトヨタの販売は三・五倍ちかくに増加した。その結果、市場シェアはおなじく三・二%からはじまって、四・一%、五・四%へ、四年後には六・一%へとほぼ倍増するいきおいで伸びたのだった。

船長として船を漕ぎだした二〇〇四年一月には、六年後にあたる二〇一〇年の一〇万台販売をめざしていたのだが、翌二〇〇五年七月に策定した初の三ヵ年ビジネスプラン（二〇〇六―〇八年）では、それを前倒しして二〇〇八年の目標として置きなおした。しかしながら、それすらも計画初年度の二〇〇六年にあっさりクリアすると、その後は机上のプランをしりめに、着任して四年後の二〇〇七年には一五万台のマイルストーンを通過し、さらにそのさきの高みである年間二〇万台の大台ごえをめざしてまっしぐらに突きすすむことになる。

けっして台数ばかりを追って売りを急いだわけではなかったが、経済の順風を満帆に受けつつ、トヨタは高い商品力と圧倒的なブランド力によって市場の成長をしのぐペースで販売台数を増やし、市場シェアを伸ばすことができたのだった。船長としては、じつに幸運な日和だったと思う。

また、販売の果実である収益(当然ながらドルで管理されていた)についていうならば、車両単価に対してモデルごとにディストリビューターのマージン率(儲けの取り分)がなんら保証されていたわけではなく、いや、むしろマージンは、ロシア側に少しでも余裕があるとわかれば胴元のトヨタヨーロッパによって容赦なく削られる(つまり、ロシアトヨタに対する仕切り価格を上げられる)こともしばしばだった。しかも、現地側の日々のたゆまぬ改善努力で浮いたコストの半分は(とくに物流は改善ネタのつまった宝の山だった)、トヨタヨーロッパへ献上してもいた。

だが、それでも販売台数そのものがいきおいよく増えていたことに加えて、他方で為替レートがドルに対してルーブル高で推移したためにその差益を享受できたことや(トヨタヨーロッパからドル建てで仕入れた商品をディーラーに対してルーブル建てで卸していたため、ルーブル高によってロシアトヨタの手もとにドル資金の差益が貯まった)、販促のための無駄なディスカウントをしない(競合メーカーに追随して安売り、量販に走らない)収益重視の方針をかたくなに堅持したこと(それどころか、日本の本社から収益改善への協力をもとめられれば値上げに踏みきることもよくあった)などが奏効して、一台あたりの収益に台数を乗じた面積としての全体収益をじゅうぶんに確保することができたのだった。

そのうえ、車両の平均単価が高かったことは経営上の大きな強みでもあった。トヨタブランドを〝ビジネスクラス〟、レクサスを〝ラグジュアリー〟と位置づけて、それぞれ中流の上位層、企業の経営幹部層をターゲットカスタマーにおいていたことはさきにもふれた。油価が上がって経済がうるおい、中間層や富裕層が厚くなる好循環のなかで、このマーケティング方針が功を奏したといえる。韓国のヒュンダイをはじめ競合各社が "Value for Money" を売りにしたマスマーケティングで販売を伸ばしたのに対し、トヨタは高いブランド力を活かしてひとつ上の所得階層をターゲットにすることで差別化できた。

またこの点では、とくに高級ブランドのレクサス車がよく売れたことは、他のヨーロッパの市場とはことなって、高額所得者の多いロシアならではのうま味だった。ロシアにおけるレクサス車の販売台数は全ヨーロッパで飛びぬけていた。ヨーロッパのどの都市をおとずれても、これほど多くのレクサスを眼にするところはまずなかったにちがいない。しかも、フラグシップモデルのLSやランドクルーザータイプのLXはじめ、排気量の多い高グレードモデルがよく売れた。そして、このことがまた平均単価をいっそう押し上げて会社の好収益に大きく寄与した。もちろん、そうした利益は配当としてきれいさっぱり一〇〇％、胴元のトヨタヨーロッパに召しあげられたことはいうまでもないのだが。現地に余計な資金を持たせないのは本社の経理部の方針でもあった。

そして、おなじその四年間、販売サービス網も着実にひろがった。

まずトヨタ店は、二〇〇四年末で一七ヵ所、二〇〇五年末二三ヵ所、二〇〇六年末三一ヵ所、さらに二〇〇七年末には三九ヵ所に（正規店のみ、仮店舗一七ヵ所をのぞく）。またレクサス店も、二〇〇七年末には正規店だけで一二ヵ所を数えるまでになった。

店舗開発の仕込みから営業開始までふつうは二年以上もかかったが、前任者の時代からせっせと播いた種がロシアの各地でつぎつぎと花ひらいた。とくに二〇〇六年の夏から冬にかけては、着任後あらたに認定したスルグト、クラスノヤルスク、ノヴォクズネツク、ノヴォシビルスクなど、シベリアの主要都市で正規ディーラーが相次いでオープンした。これによって販売体制は名実ともにシベリアまでひろがった。そして、これらすべてのディーラーで日々、おおぜいのビジネスパートナーたちがトヨタの販売とアフターサービスの前線を支えてくれた。

けれど、それでも販売サービス網はまだまだ足りていなかった。店舗あたりの販売台数がおどろくほどに多かったからだ。平均でも年間二〇〇〇台をゆうに凌駕し、モスクワにはひとつの店でなんと三〇〇〇台以上も販売するメガディーラーがあったほどだ。日本から視察にきたディーラーの一行が、それを聞いて驚愕したことを憶えている。顧客サービスの点からいえば、明らかにオーバーフローの状態だった。モスクワやサンクトペテルブルクのディーラーが地方の非正規ショップへ再販する動きも相変わらずつづいているようだった。

他方、トヨタ車ユーザーの分布状況を調査したところ、モスクワをはじめ大都市の経済圏が幹線道路沿いに外周部へ向かって急速に拡大していることも見てとれた。いつのまにか開発がすすんで、郊外のあちこちにタウンハウスが建ち、高層マンションがつぎつぎと建っていた。あらたな拠点網の開発をさらに一段、加速させる必要があった。

ところでそんななか、トヨタのディーラーシップに応募するには二〇〇万ドル（約二億円）かかるという噂を聞いたが、知っているか？　と知人からそれとなく耳打ちされたことがあった。まさか……、とは思ったが、あながちありえないことではないようにも思われた。トヨタのディーラーになることができれば、高い口利き料を払ってもじゅうぶんな元がとれたからだ。ネットワーク開発を担当する若いマネージャーのもとに脅迫状がとどいたりしたのもそのころだ。本人から相談を受けて、念のためその週末は彼の身辺にボディーガードを配置した。利権の生じやすいポジションのローテーションもおこなった。

知らないところでなにかが起きているようで気味がわるかった。

そういえば、ロシアトヨタの社長と面会させよと、街宣車が日本の本社へ押しかける騒ぎまであったことを思い出す。ロシアに関心を寄せるのは、どうやら企業や投資家ばかりではないようだった。

二〇〇六年二月はじめ、本社の秘書部から電話があった。

元国会議員の先生が、知り合いのロシア人実業家がトヨタのディーラーをやりたがっているのだが、現地の社長がどうしても承知しないので、自分がロシアへ出向いて直接かけあいたいと言っている。会うだけでいいので会ってくれないか、と言う。

それから数日後、名刺に仰々しく元参議院議員と印字された初老の紳士が、ふたりのロシア紳士をともなってシェープキナ通りのオフィスをおとずれた。ビジネスパートナーという紹介だったが、その三人がどういう間柄だったかはわからない。ふたりのロシア人はドイツ車の並行輸入業者のようだった。念のため法務部長も同席させて、販売部長といっしょに面談にのぞんだ。ひととおり要望を聴いたうえで、丁重にお断りさせていただいた。その客人は、このためにわざわざ日本から急遽（きゅうきょ）やってきたというのにその返事はないだろう、という顔で、いかにも不機嫌そうに帰っていった。

ロシア政府の要人の取りまきと思しき人物から、チェチェン共和国の中心都市グロズヌイでディーラーをやらせてほしい、と執拗に話を持ちかけられたこともあった。けれど、おなじロシア連邦内とはいえ、さすがに内戦中の共和国でランドクルーザーを販売していただくわけにはいかなかった。ちなみに、こういう紳士にかぎってポルシェの高級車〝カイエン〟などを乗りまわしていたりすることも、わたしにはまったく理解に窮することではあったのだが。

揺すれば赤い実が落ちるリンゴの木

一方、二〇〇六年三月十日から十二日までの三日間、世界室内陸上競技選手権大会がトヨタをゼネラルスポンサーとしてモスクワのオリンピックスタジアムで開催された。トリノ五輪のサプライズがあり、またちょうど税務調査がはじまったころである。北のサンクトペテルブルクでは、翌年末の竣工をめざして工場の建設がたけなわだった。トヨタヨーロッパがスポンサーシップの獲得を後押しした。

そこでこれを機に、企業スローガンを創業以来の〝ドライブ・ユア・ドリームズ〟から汎ヨーロッパで共通の“Today, Tomorrow, TOYOTA”へ切りかえた。“Tomorrow belongs to those who prepare Today”。二十世紀アメリカの黒人解放運動家マルコムXの演説のなかのフレーズが発想のもとになったとも聞いていた。

ロシアでは、持続的な経済成長によって、時あたかも豊かな中間層が形成されようとしていた。それに呼応するように、「夢を追求する社会」から「自己を実現する社会」へとメッセージを切りかえたのだった。そして、ロシア語に翻訳したこのフレーズを全ロシアに向けていっせいに発信した。「明日は今日準備する者たちのもとにある」。室内陸上のワールドカップで、エレーナ・イシンバエワ（女子棒高跳びの世界記録保持者）は、あたかも蝶のごとく宙を舞う地上の妖精だった。

四月には、トヨタヨーロッパからあらたにアフターサービスを統括するイギリス人の出向者が仲間入りし、アメリカ人副社長のアンディのもとで販売サービス部門の陣容が強化された。そして、五月にはコールセンター（顧客との電話による直接的なコミュニケーションの窓口）もスタートした。トヨタヨーロッパからの米英ふたりの出向者のコンビネーションもよく、ディーラーまわりのフィールドスタッフも増強されて、アフターサービスのサポート体制も充実しつつあった。

また、ロジスティックスの改善も、輸送時間の短縮と輸送ルートの開拓の両面ですすんでいた。フィンランドの港から地方ディーラーへの直送は、すでに二〇〇五年夏から段階的にはじまっていた。需要の拡大に対応するため、三月にはフィンランドに加えてバルト海に面するラトビアの港で車両の陸揚げがスタートし、八月にはサンクトペテルブルクに車両ヤードが設けられた。二〇〇七年からはポーランドでの陸揚げもスタートすることになっていた。トラック不足も慢性化していた。フォワーダーはドライバーの運転マナー教育をおこなって、良質のドライバーの確保につとめた。トヨタヨーロッパを巻きこんで需要を予測し、ロジスティックス上の対策を検討しているうちに、市場の現実はさらにさきをいって、販売基盤の整備に終わりはなかった。

――十二月二十五日、カウントダウンの歓声につつまれてトヨタのロシア年間販売は一〇万台のK点をこえ、社史に刻まれる日となりました。そして同日、わたしたちはつぎなる目標、年間販売一五万台をめざしてあらたな一歩を踏みだしました。

着任して丸三年が過ぎようとする二〇〇六年十二月末、わたしは本社に宛ててこう報告した。

フィンランドで高潮の被害にあって以来、わたしは年末には物流部長のコスチャをともなってフィンランドの港かジュコーフスキーの車両ヤードのどちらかを視察して、在庫の規模と保管の状態を自分の眼でたしかめることにしていた。輸送の現場をあずかるフォワーダーの仲間たちを慰労して、雪のなかで最後のトラックを見送って新年の好スタートにそなえた。

そしていよいよ年末がちかづくと、移動中の車内からディーラーのオーナーひとりひとりに電話して、その一年の尽力に感謝するとともに、大晦日までよろしく頼みますとつたえて激励した。

「スタリャーエムシヤ！（気張っていこうぜ！）」

全員が毎日、フルスイングだった。

「所詮、ロシアは揺すれば赤い実が落ちるリンゴの木なのさ」

二〇〇六年十二月にブリュッセルでおこなわれた予算会議の席上のことだったと記憶している。トヨタヨーロッパの幹部のひとりがそう軽口を叩いたことがあった。

統括会社のヨーロピアンたちがロシアという国をみる本音がもれた気がした。彼らにとり、ロシアは揺すれば揺するほど儲かるリンゴの木にすぎなかったのだ。聞き捨てならなかった。

それまでも、イギリス工場の稼働を支えるためにたびたび商品を押しつけられてもいた。そのために、トヨタはヨーロッパで売れない車をロシアのカスタマーに売りつけている、という批判のコメントがネット上に掲載されたこともあった。また、若いヨーロピアンのフィールドマネージャーがディーラーのショールームを訪問しては、いかにも知ったかぶりに御託をならべることへの苦言をオーナーたちから聞かされてもいた。

わたしの傍で経理・財務担当役員のエレーナが黙して下を向いていた。会議のために徹夜で資料を準備し、モスクワから飛行機で駆けつけたロシア人スタッフたちのまえで言うべきせりふではなかった。

「あなた方は、いったい誰が汗を流して仕事をしていると思っているのか」

わたしを制して、副社長のアンディが日ごろの怒りを爆発させた。

新社屋建設プロジェクト

さて、ここでいったん、時計の針をもどしたい。

新本社の建設プロジェクトについて述べようと思う。

実は、赴任してまもない二〇〇四年五月、ロシアトヨタの創業二周年を迎えて、わたしは本社に宛ててつぎのような書簡を送っていた。

——ご高承のように、当社は二〇〇二年五月の創業からわずか二年にして、販売台数と市場シェアの両面においてロシアの輸入車市場をリードする立場を築きつつあります。そして本年（二〇〇四年）一月からは、ディストリビューターとしての全面的なビジネス展開へ移行中で、今後はこれを遂行していくために組織基盤を強化してまいる所存です。

かかる状況のもと、現本社はモスクワ市のセンターからほど近いオフィスビルの一部を賃借していますが、今後の体制強化に対応するのにじゅうぶんなスペースの確保がすでにむずかしいうえ、近隣の交通渋滞はここへきてますます深刻化し、ディストリビューターとしての日々の業務にも支障をきたすという立地上の課題にも直面しています。

他方、部品倉庫やトレーニングセンターなどの付帯施設につきましても、（中略）ディストリビューターとしての諸機能の一体的な運営、従業員の労務環境や日々の業務の効率性といった点からも、近い将来、オフィス棟を中心にこれらの施設を一ヵ所に集約したいと考えています。

そこで、二〇〇七年末竣工をめどとしてモスクワ近郊に新本社コンプレクスを建設すべく、社内検討をスタートさせましたことをご報告いたします。

さきに、わたしのミッションは、トヨタの販売基盤をととのえることと、生産プロジェクトを実行に移すことのふたつだった、と述べた。そして、後者の生産プロジェクトについては、本社の企画部署と日本からあらたに送り込まれたベテランの事業企画マンやプラントエンジニアたちによって推進されたこともまえに記したとおりである。わたしは生産プロジェクトから解放されて、販売基盤の強化に専念することができた。

けれども、それとは別に、実はもうひとつ重要なミッションがあった。それは、モスクワにロシアトヨタの新本社屋を建てること。ロシアであらたに土地を取得し、そこにオフィスビル、部品倉庫、トレーニングセンターなどを集約したトヨタのランドマークを建設する、いうなれば、トヨタの旗を立てることだった。トヨタヨーロッパの方針にしたがって、また前任者からの申し送りとして、わたしは着任時にそのミッションを引き継いでいたのだった。

トヨタはわたしが入社する以前から、経済のグローバリゼーションの波に乗って海外業務の拡大とローカライゼーション（各地域における組織と人材の現地化と経営の自立化）を積極的にすすめていた。その流れのなかで、ヨーロッパではベルギーに本社をおく地域統括会社のトヨタヨーロッパを筆頭に、生産事業体（工場）にかぎらず販売事業体（販社）でも、ドイツやイギリス、イタリアといった重要市場を中心に自前のオフィスビルを建設する動きがすすんでいた。中欧でもポーランドで販社が自社ビルを建てた。事業をおこなう国や地域に投資して自らの社屋をもつことは、よき企業市民としてその社会に文字どおり根をおろすことを意味していた。将来の成長が期待でき、戦略市場と位置づけられたロシアもそれに倣うことになったのだった。

とはいえ、この時期にロシアで外国企業が土地を取得し、そこに社屋を建設するとは、いったいどれほどのことなのか。そこには、うわべからは窺い知ることのできない、ロシア社会の変わらぬ本質ともいうべき実体が口をあけて待っていた。わたしはその見えない実体をのぞいた。それからはじまる建設プロジェクトをとおして、わたしははじめてロシア社会の生の鼓動にふれたような気がする。いまのわたしならそれをしなかったかもしれない、と思ったりもする。なんらかの理由をそえて、日本の本社やトヨタヨーロッパへ投げ返すこともできただろうし、どこかのデベロッパーが建てたビルや倉庫をそっくり買い取るという選択肢もあったかもしれない。だがしかし、当時のわたしはいささかも躊躇（ちゅうちょ）することなく、そのプロジェクトを遂行することに決めていた。工場進出への一歩を踏みだすこととはちがって、こちらは海外営業部門の一員としてのあたりまえのミッションと受けとめていた。

かくして、着任してまだまもない二〇〇四年の春さきから、わたしは新本社の準備に着手することになった。プロジェクトの推進役を、サポートグループ担当役員のアンジェイにお願いした。彼にはマルチリンガルの多彩な人脈と、出身元の商社が出資するディーラーでの経験とノウハウがあった。

用地取得

そこで、まずはその用地選定からである。

モスクワは行政区分でいうと、ちょうどモスクワ環状自動車道路（ふつう、〝MKAD〟と略して呼ばれる）をさかいにして、そのほぼ内側がモスクワ市、外側がモスクワ州に属するとみなしてよいのだが（もちろん一部に凹凸はある）、モスクワ市内はほとんど国や市、公団が管理する公有地だったうえ、私有化されて売買が可能な土地はどこもすでに市当局と気脈をつうじた地元のデベロッパーがなんらかのかたちで押さえていたため、トヨタのようなよそ者が購入できる物件はほとんど皆無に近かった。そこでモスクワ市内をあきらめて、空港や幹線道路へのアクセスがよく、これから開発がすすむと見込まれる、MKADからそう遠くないモスクワ州内の遊休地に的をしぼって調査することになった。

他方、前任のNさんからは、センターからみると北西方向にあって、モスクワ市とモスクワ州のさかいに位置する一画を候補地として検討してみてはどうか、と引き継ぎ時に提案されていた。MKAD沿いのアカマツ林につつまれた荒れ地だが、シェレメチェヴォ空港（モスクワ市内からみると北の郊外にあった）へのアクセスもよく、周辺の開発プランをみてもロケーションとしてはわるくなさそうだった。ちなみに、市場に出まわっている土地はどれも似たような造成まえの荒廃地ばかりで、ゴミや廃品などの大小のガラクタが無造作に捨てられていたりもして、日本でいう売地物件のイメージとはほどとおい代物だった。

ところが、調査会社を使って土地台帳のファイルをさかのぼると、履歴の一部が欠落していたのだ。さらに調べてみると、原所有者だったコルホーズ（ソ連時代の集団農場である）の組合員のなかに売却文書の署名を拒否した者がいることがわかり、しかも払い下げの過程で関係者のひとりが行方不明になっているという、いわく付きの物件であることもわかった。

おそらく、周辺の土地は地元のデベロッパーが押さえていて、この一画だけが売れ残っていたのだろう。あるいは、あえて売らずに残していたのかもしれない。君子危うきに近寄らず、と故事にある。もとより君子のかけらもないことは承知していたが、こういう土地をなにも知らずに摑まされると、いざ開発がはじまった段階で、ある日、忽然として素性の知れない元地権者を騙る人物が名乗りでて訴訟をおこされるリスクも考えられたため、購入をあきらめてほかをさがすことにした。当時のロシアでは、まるであらかじめ仕組まれてでもいたかのように、そういうできごとがよくあると、知り合いの弁護士から聞いていた。

その後、用地さがしは難航した。販社オフィスの用地は工場のそれとちがってそれほど大きくまとまった土地は必要でなかったため、ふつうは流通市場（いわゆるセカンダリーマーケット）から直接購入するのが海外営業部門の通例のようだった。しかし、市場に出まわっている土地には、社会主義時代の国営農場（いわゆるソホーズ）やコルホーズなどから払い下げられた物件が多かったのだが、そもそもめぼしい土地の大半は物件情報へのアクセスそのものにまで利権がからんでいるようで、素人だてらにとても手が出せる代物ではなかった。手つかずのまま売れ残っている土地はといえば、なにかの薬品工場の跡地であったり（土壌が有害物質で汚染されている怖れもおおいにあった）、ＭＫＡＤのすぐわきの湿地帯であったり（基礎工事に時間と費用がかかった）と、どうやらどれもが「わけあり」で、本社屋の候補地としてふさわしい土地はなかなか見つからなかった。

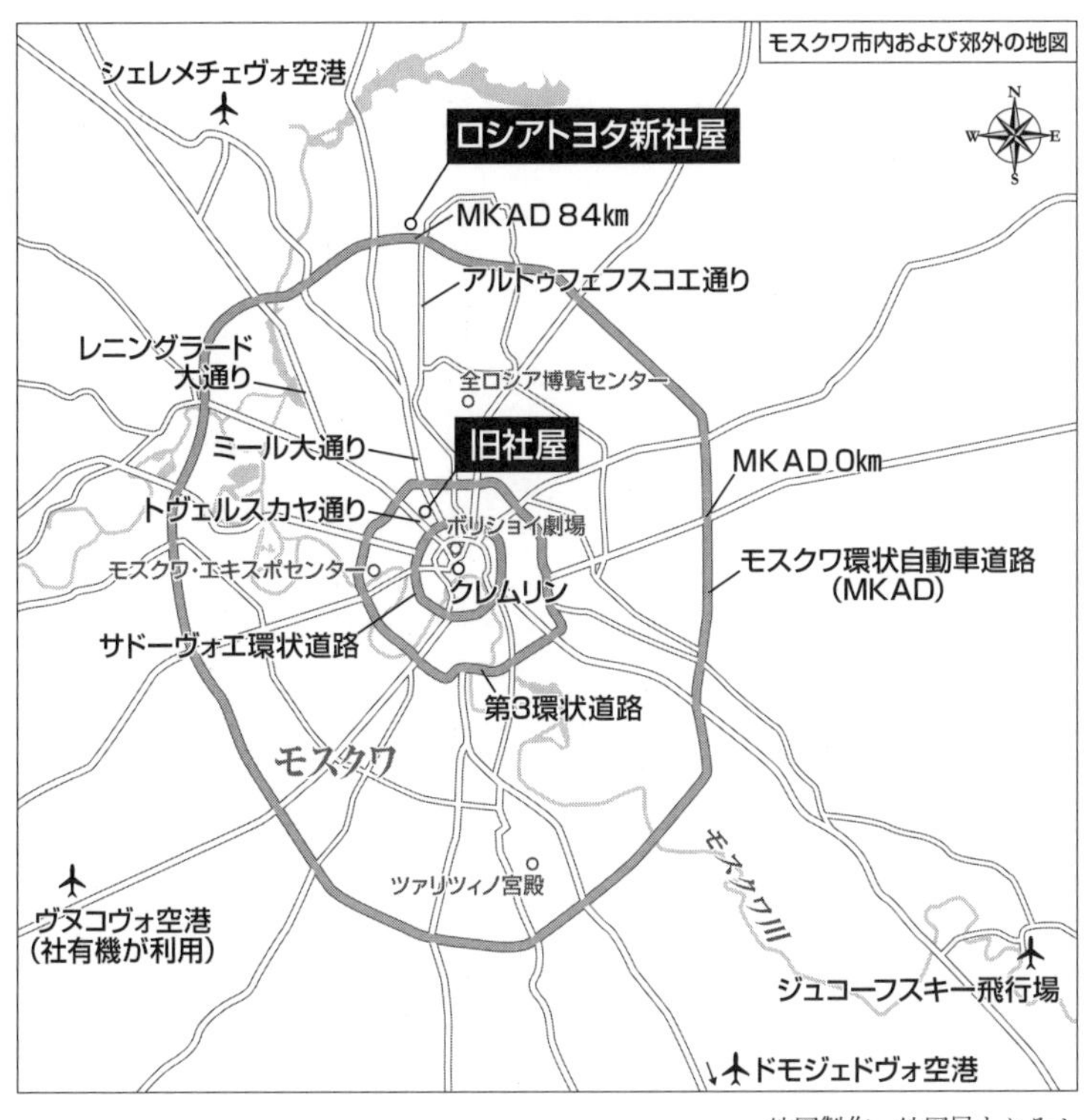
モスクワ市内および郊外の地図
シェレメチェヴォ空港
ロシアトヨタ新社屋
MKAD 84㎞
アルトゥフェフスコエ通り
レニングラード
大通り
全ロシア博覧センター
ミール大通り
旧社屋
MKAD 0㎞
トヴェルスカヤ通り
ボリショイ劇場
モスクワ・エキスポセンター
クレムリン
モスクワ環状自動車道路
(MKAD)
サドーヴォエ環状道路
第3環状道路
モスクワ
モスクワ川
ツァリツィノ宮殿
ヴヌコヴォ空港
(社有機が利用)
ジュコーフスキー飛行場
ドモジェドヴォ空港

地図製作　地図屋もりそん

そのうえ、好景気によるインフレのため、MKAD沿いの地価ははやくも高騰しはじめていた。当時の新聞報道によれば、モスクワ市内の地価は、すでに二〇〇四年第1四半期だけで平均して二〇%も上昇していた。したがって、用地の取得は早いほうがよいと考えられた。

結局、スウェーデンの仲介業者を使ってMKAD周辺の四十数ヵ所を洗いざらい調査し、年末にいったん、そのなかからいくつかの候補にしぼってプロコンリスト（長所と短所の比較一覧表）をつくって検討したが、買い取りを決断するまでにはいたらなかった。

そして年が明けて、それからさらに半年以上たった二〇〇五年九月はじめ、センターからほぼ真北に位置するMKAD第八四キロ地点のすぐ外側、モスクワ州ムティシチ地区のアルトゥフェフスコエ通りから少し脇へそれた一画に二〇ヘクタールの土地を購入した。ちなみに、MKADの総延長は一〇九・八キロ。モスクワ市の外縁を周回する円いリングの東の端を起点にして時計まわりにキロ数で地点を表示するのだが、第八四キロは時計の文字盤でいうとほぼ一二時の位置にある。

御多分にもれず、当時はここも相当な荒れ野原で、近くにメルセデス・ベンツが研修施設のようなものを建てているぐらいでほかに建物らしきものはなかったが、MKADに架かる立体交差の高台から一望すると、広大な土地の一角がなにかの資材置き場として利用されていたこともあってか（おそらく倉庫としての用途指定を得るためだったのだろう）、一部は整地もされていたうえ、なだらかな勾配のまとまった一画で、全体としての見映えもわるくなかった。それまで見てきた土地とは明らかにちがっていた。一見して、ここだ、と思った。

購入の決め手はほかでもない。その土地が、モスクワ州政府による農地の払い下げ第一号だったことだ。さすがにモデルケースだけあって、土地台帳に一片のくもりもなかった。もっとも、当時の地権者は四人いたのだが、なんとその四人全員がそろいもそろってモスクワ州土地開発委員会の関係者、つまり払い下げ事業そのものの利害関係者だったと知れたときには、市場経済化の名のもとにおこなわれた土地私有化の実態のなんたるかを垣間見る思いがして、なんともやる瀬ない気持ちになったのではあるが。

従業員の主たる居住地域からはいくらか北へ離れるけれど（彼らの多くはモスクワ市の南や西の方面から通っていた）、シェレメチェヴォ空港へのアクセスはよかった（逆に、南のドモジェドヴォ空港へは遠かったが）。ただし、二〇ヘクタールをまとめて購入することが条件だった。東京ドーム球場が一五個も入るほどで、ディストリビューターの敷地としてはいかにも広大だが、従業員用の駐車スペースや将来における施設の拡張にも対応できた。その後の地価の高騰を考えれば、資産としてはおどろくほどに安い買い物になることはまちがいなかった。

それに、かねてわたしは、トヨタには郊外の土地を安いうちに安く買っておくことを是とする文化のようなものがあり、それが創業以来の風土として根づいているように思っていた。せっせと買っておいた土地が日本国内のあちこちにあるとも聞いていた。とにかく、土地を買うことに対してはあまりとやかく言われることもないので、本社の承認を難なく得て購入した。もちろん、本社からおとずれた役員にも、事前に現地を見てもらっていた。

アフガン帰りのコンサルタント

二〇〇五年十月、造成まえのアルトゥフェヴォを視察におとずれたときのことだ。ロシアでは冬本番がくるまえに、十月から十一月にかけていったん気温が上がっておだやかな秋晴れがしばらくつづく。日本でいう小春日和に近い。そんな明るい陽光が降りそそぐ昼下がりだったと記憶している。突然、枯れ木のかげに停まっていたポンコツのラーダ車のドアがバタンと音を立てて閉まったと思いきや、素っ裸の男女があわててエンジンをかけて脱兎のごとく走り去ったのにはおどろいた。どうやら誰も滅多におとずれることのない郊外の荒れ野原で、若いカップルが車のドアを開け放してつかの間の日光浴を楽しんでいたものとみえる。

当時はまだ、モスクワ環状ハイウェイの外側までは開発の波がそれほどおよんでおらず、とくに北方面の沿線にはアカマツや白樺の雑木林、雑草におおわれて荒れ果てたままの遊休地などがそこかしこにひろがっていた。ラーダが走り去ったあとの枯れた草むらの向こうに古びたコンクリート板のながい塀があり、塀越しに資材倉庫の屋根らしき影も見えた。近くに変電所でもあるのか、塀の手まえに高い鉄塔が一本そびえている。見上げると、送電線が北のアカマツ林のほうへ向かってのびていた。

実を言うと、この土地はスウェーデンの仲介業者が持ち込んだものではなかった。

ここで少し脇道へそれる。

アフガン帰りのふたりのコンサルタント、ボリスとオレグについて述べなければならない。このふたりのロシア紳士との出会いを抜きにして、新本社の建設プロジェクトについて語ることはできないし、また彼らと出会っていなければ、プロジェクトを完遂することもままならなかっただろうと思う。

最初に知り合ったのはオレグのほうだ。着任した年の春、退職したドライバーの後任として「赤い嵐」の社長から紹介された。社有車のドライバーは「赤い嵐」から派遣されて、皆そろいのブラックスーツを着ていた。スキンヘッドで厚い胸板の、眼光鋭いこわもての紳士だった。家族がモスクワへ来てまだ間もなかったころで、ホームドライバーが見つかるまで、たまに子供たちの学校の迎えを頼むこともあった。嫌がるかな？と思っていた子供たちが意外にも、オレグって一見怖そうだけどほんとうはやさしい人だよ、と話すのを聞いて、わたしも世間話を交わす仲になった。けれど、ドライバーとしては経験が浅いらしく、おまけにモスクワ市内の道路事情にもさほど詳しくないようで、指示した場所へうまくたどり着けないことがときどきあった（ロシアでカーナビが普及するまえだった）。

どうしたものかと思っていた矢さき、彼のほうから辞意があった。彼はそのとき、自分はもともとドライバーではないこと、したがってこのままわたしのドライバーをつづける考えはなく、いずれはコンピューターを使ったオーディオアートを学んで身を立てたいと思っていることなどを淡々と語った。きっぱりとして実直そうな人柄に好感が持てた。

やがて夏の週末、彼から夜釣りに誘われた。友人を紹介したい、とのことだった。こういうとき、ロシアの男たちはよく釣りを好んだ。ポーランド紳士のアンジェイを誘って、湖上の小舟で釣り糸を垂れながら、ボリスと紹介されたその友人と四人でコニャックを飲んだ。水面にうっすらと靄（もや）がかかり、まるで[illegible]・フォーサイスのインテリジェンス小説のシーンにいるような気がした。

新しいドライバーはどうか、とオレグはわたしに訊いたあと（後任のセルゲイは彼の推薦だった）、

「アフガニスタンへ行って人生がすっかり変わりました」

と、話しはじめた。

「戦争は人間のすることではありません」

とも言った。

ふたりはアフガン帰還兵だった。精悍な顔立ちのオレグとちがって、ボリスはずんぐりした体軀（たいく）の大柄な男で、一見して猛者の雰囲気を感じさせた。ベトナム戦争がアメリカ社会に深い傷あとを残したように、アフガン戦争後のロシアもまったく似たようなものなのだと思いながら、わたしはふたりの話に耳をかたむけた。

残念ながら、というべきか、案の定というべきか、魚は一匹も釣れなかった。

「なにか手伝えることがあれば連絡してください」

別れ際、オレグがそう言いながら、手土産にスズキの燻製を持たせてくれた。トヨタをカネヅルにして利用しようという魂胆だったのだろう。それぐらいは察しがついていた。

その日は、たしか次男の誕生日のはずだった。夜更けに自宅へもどって家内に包みを渡すと、ぷいとそっぽを向かれた。子供たちも部屋から出てこなかった。どうかしたのか？ と訊く間

もなく、その日が次男ではなく、ふつかちがいの彼女の誕生日だったことに気づいたが、時すでにおそかった。その後の顛末は読者のご想像におまかせするとして、とにかくそんなできごともあって、その夜のことはよく覚えている。

それからひと月ぐらい経って、突然オレグから電話があった。

あの晩、湖上で、アフガニスタンへ行くまえにつきあっていた恋人がいた、と彼は告白した。一三歳になるはずの娘がいて、いまはサンクトペテルブルクで暮らしているが、まだ一度も会ったことはない、とも言った。わたしといっしょにいたアンジェイは敬虔なカトリック信者だった。ふたりでオレグを口説いて、その場で娘さんに会いにいくことを誓わせたのだった。

電話で、娘さんに連絡したとの報告があり、いずれは彼女をモスクワへ呼びよせていっしょに暮らすつもりでいると言った。どこか吹っ切れたような明るい声だった。

やがて、ボリスとオレグはコンサルティング会社を立ちあげる。アルトゥフェヴォの物件はそのふたりが持ち込んだものだった。モスクワ州政府による農地の払い下げ第一号という、まさしく掘り出し物ともいうべき稀少な物件に彼らがどのようにしてアクセスできたのか、そこは問わなかった。訊いてもほんとうの答えは返ってこないことはわかっていた。

プロジェクト推進体制

さて、用地選定と並行して、二〇〇五年の春ごろから推進体制の検討に入った。

まず、全体のデザインと設計を、トヨタヨーロッパから紹介された日本人建築家の岩切茂氏に依頼することにした。同氏は東京の丹下健三事務所で修業を積んだ気鋭の建築家で、ヨーロッパの建築に精通して、機能性と安全性を重視したヨーロッパスタンダードのオフィス環境をデザイン設計の信条にしていた。また、トヨタイタリア本社の内装をデザインした経験もあって、トヨタについての理解も深いと聞いていた。

その岩切さんとはじめて会ったのは、ミラノの空港近くのカフェーだったと記憶している。二〇〇五年六月なかばの週末に汎ヨーロッパの会議があってイタリアへ出張した折だった。翌週の火曜日には、サンクトペテルブルクで工場建設の鍬入れ式がひかえていた。

わたしから、将来の二〇万台販売をになうディストリビューターの本社をデザインしてもらえるよう頼んだ。あわせて、建物はトヨタのランドマークにふさわしいすっきりした飾らないデザインで、内部はヨーロッパテイストのひろびろとして明るいオフィスにしたいという基本的な考えをつたえた。狭いスペースにひとばかりが詰まったオフィスにはしたくなかったし、ディーラーに対してスタンダードをしめすねらいもあった。

岩切さんは、そのころローマに拠点をおいて活躍し、ローマと東京を行き来しながら仕事をしていたので、その途中にモスクワへ立ち寄ることもできた。早速、翌週末にモスクワへ来てくれることになり、こうして同氏と彼のチームのエンジニアたちとその後の苦労をともにすることになる。

ところで、このプロジェクトを実施するにあたり、わたしには固く心に決めていたことがひとつあった。それは、ロシア社会にさまざまに巣くう、見えない利権の構造から距離をおいてトヨタのビジネスを守ること、言い換えるとロシアトヨタそのものが、じかに開発プロセスにかかわらないようにすることだった。

ロシアで土地を取得し、そこに社屋を建設するとなれば、ディストリビューターの日々の業務とちがって、きれいごとだけではすまないことはわかっていた。そもそも土建の世界と自動車の流通・販売ビジネスとでは棲む水がちがった。さまざまな業者が出入りする現場の管理はもちろんのこと、近隣の地権者との折衝ごとや地元政府との調整ごとも避けてとおれなかった。況してやこちらが世界のトヨタと知れれば、まわりがあたかもエサをあさるスズメのごとく群がってくるかもしれなかった。そこには、いつどこで落とし穴に足をすくわれないともかぎらない見えないリスクがいくつも隠れているように思われた。

そうしたリスクを避けるためには、信頼できる日本の建設会社に一括発注して、元請けとしてプロジェクトの盾になってもらえればそれに越したことはなかった。そのほうが安心できたし、コミュニケーションも楽だった。

だが、意中の建設会社のモスクワ事務所に相談したところ、ロシアでの事業ライセンスを持っていないことがわかった。アドバイザーとして技術、施工管理に参画してもらうことも考えたが、その場合、責任の範囲をどのように定義しておくか、あるいはあくまで助言の範囲にとどめるべきかといった契約上の問題もあった。

とはいえ、ロシアの職人を管理するのは一筋縄ではいかないだろうし、況してや現場の作業員（そのほとんどは南の貧しい国々からの出稼ぎ労働者たちだった）の管理など、とても不慣れな日本人の細腕にできることではなかった。また、資材や器材の大半は輸入せざるをえないだろうが、その場合には認証（輸入する資材や器材がロシア政府のさだめる品質基準を満たしていることを証明する書類で、自動車の輸入についてもあった）の取得をふくめて関税のしくみは複雑で、通関手続きで苦労する（そのため「袖の下」がまかりとおる世界だった）ことも目にみえていた。他方、この時期、ロシアではトルコやイタリア、ドイツなどの建設会社がゼネコン（元請け事業者）として実績を伸ばしていたが、結局はサブコン（地場の請負業者や設備工事業者など）とのあいだにロシアの建設会社をかませるケースが多く、そのためにかえってコスト高になっているようだった。

あるとき、岩切さんを招いてくだんの日本の建設会社の駐在員たちと鳩首、額を突きあわせてあれこれそんな話をしていたとき、傍でボリスが、なぜ自分たちにゼネコンをやらせてくれないのか、という顔で薄ら笑いを浮かべていた。地権者との窓口として、ボリスとオレグのふたりもそのミーティングに加わっていた。ふたりとも上品なスーツにネクタイ姿で、ボリスがビジネスの中心になり、オレグはロシアトヨタとの関係を取りもつ渉外顧問というような感じだった。建設プロジェクトをマネジメントした経験などなかったはずだが、餅は餅屋だ、汚れ役ならオレたちにまかせろ、という顔だった。

結局、本社のプラントエンジニアリング部（以下、PE部）とも相談し（もともとPE部は、その名のとおり工場の設計・施工を管理するための部署で、ふつうは販社のオフィス案件にまでかかわる余裕などなかったが、たまたまおなじ時期に並行してサンクトペテルブルクで工場を建設していたこともあり、またロシアが重要市場と位置づけられていたことなどもあって、モスクワの販社のことについてもなにかと相談に乗ってくれていた)、ロシアの建設現場をフリーランスのプロジェクトマネージャーとして渡り歩いていたフランス人の建築エンジニアを期間限定でヘッドハンティングし、彼のマネジメントのもとで、ボリスの会社にサブコンの管理をふくめて現場の指揮、監督をまかせることになった。ボリスはいかにも剛腕で現場に対して睨みがききそうだったし、ボス、つまりは〝ザカーシク〟(ロシア語で「施主」の意)であるわたしの命令には忠実だった。

こうして、どうにか推進体制にめどがついたところで、二〇〇五年九月に用地の取得に踏みきり、早速その十一月から造成工事に入ったのだった。冬場になると地面が凍結し、また春さきは融けた水が地表に浸みだしてぬかるむため、そのまえに造成をすませておく必要があったからだ。用地の取得を受けて、岩切さんのチームが建設プランのミニチュア模型を用意してくれた。

そして、十二月にモスクワ州のグロモフ知事(当時)と会見して新本社の建設についてのMOU(覚書)を締結。ボリス・グロモフといえば、かつてアフガニスタン駐留ソ連軍の最後の司令官として、ロシア国民のあいだでその名を知られた軍人だったことを注記しておこう。

また、モスクワ州のモスクワ市事務所のカラハノフ代表ともそれ以前に知りあって、このころにはすでに電話一本で用事をすませられる関係になっていた。モスクワ州政府は、工場の進出先がサンクトペテルブルクに決まっていたこともあり、販社であるロシアトヨタの決定を歓迎し、年末には晴れてモスクワ州の特別重要プロジェクトに指定してくれた。

ちなみに、わたしと知りあう以前、ボリスがモスクワ州の開発計画にかかわって、デベロッパーと組んで遊休地の用地転用をうながす仕事にたずさわっていたことは後になって知った。どうやら土建業界の水ともあながち無縁というわけではなかったようだ。ふたりが特別な土地の情報にアクセスできた事情もうすうすわかった気がした。思うにオレグは、ロシアトヨタに本社屋を建設する計画があると知って、あの晩、ボリスをわたしに引きあわせたのだった。

ロシアの流儀

二〇〇六年一月。年が明けると、アルトゥフェフスコエ通りの敷地の一角に二階建てのプレハブ事務所が建っていた。ボリスとオレグは、いつのまにか腕利きの経理マンに加えて、民事にたけた弁護士と三人の若いエンジニアをしたがえていた。しかも、エンジニアのひとりはくだんの日本の建設会社のモスクワ事務所から引き抜いたそうなのだが、これがまた才色兼備な女性という手ぎわのよさだった。

本当の苦労がはじまるのは、むしろそれからだった。当初の予定では、建築許可の取得に六ヵ月、工期を一年半ぐらいとおおざっぱに見込んでいた。そして、二年後の二〇〇七年末の完工をめざした。

ところが、この目論見はすぐに壁に突きあたった。というのは、わたしの事前の見通しも甘かったのだが、建築許可を得るための審査に予想以上にながい時間がかかることがわかったからだ。とにかく、まずプロジェクトの概要、敷地の利用計画図や用途変更、建築構想などからはじまって、膨大な量の説明文書と詳細な設計図面を作成し、それを関係するすべての機関に提出しておのおの審査を受けなければならず、これをひとつひとつまともにこなしていくと、それだけで工期が終わりかねないほどだった。

もっとも岩切さんによれば、こうした厳格な書類審査があること自体は日本やヨーロッパでもおなじなのだそうだが、たいていは行政のとりまとめ部署が窓口となって一括審査し、組織としての判断がくだされるのに対し、ロシアでは関係する機関ごとに、それぞれ担当者の判断で、いわば属人的に審査されることが手続きをいっそう煩雑で厄介なものにしているようだった。

たとえば、図面や文書の提出先は、都市計画法にしたがって、〝ゴスストロイエクスペルティザ〟と呼ばれる国家建築審査局、〝ロステフナゾル〟と呼ばれる連邦環境・技術・原子力監督庁（このふたつは、なん度も聞かされているうちに名前を覚えてしまったほどだ）、地元の消防署、保健所、警察署、水道局、ガスプロムの地域支部のほか多岐におよび、そのうえ書類の作成にさきだって、これらの監督官庁や機関と個別に事前の打ち合わせをもつことが求められていた。

〝ゴスストロイエクスペルティザ〟の審査では、書類を提出して六〇日後にコメントが出され、それに対する回答を提出すると、今度はそれから六〇日後にふたたびコメントが出て、さらに追加資料を提出させられるという具合らしかった。とにかく、その繰りかえしがつづくのだという。なかば意地悪でやっているとしか思えなかった。

しかも、そうしているあいだに、担当者が変われればあれこれ難癖をつけられて修正を求められ、制度が変更されれば修正を余儀なくされた。そして、その度に付帯書類が追加された。モスクワ州政府から特別重要プロジェクトの指定をもらっていたのだが、それも末端の実務の現場では「葵の御紋」としての効果をほとんど期待できなかった。いったいいつになったら着工できるか、まったくさきが見通せなかった（もっとも最近では、このような施工者泣かせの審査制度もいくらか改善されたようではあるが）。

そのうえ問題は、そうこうしている間に肝心の費用が膨れあがり、着工するまえから、すでに当初見込んでいた予算をはるかにこえることがはっきりしてきたことだった。折からのインフレで人件費や部材価格が急騰していたからだ。

もはや、いつまでも手をこまねいているわけにはいかなかった。スケジュールもすでに大幅に遅れていた。モスクワ州のカラハノフ代表に相談すると、役所とうまくやりながら同時進行ですすめる、それがロシア流なのだという。販売店建設の経験豊かなディーラーのTさん（前章で登場したトヨタグループの商社が出資する中核パートナーの社長である）も、言葉を濁しながらおなじようなことを言っていた。

やむなく、この際ロシアの流儀にしたがって、建設をはじめるために必要ないくつかの許可を取得すると、その後は関係当局とうまくコミュニケーションを取りながら、思い切って工事をスタートさせることにした。手もとの手帳に、七月三十一日、キックオフ、と記してある。その日の午後、わたしはアルトゥフェヴォの事務所をおとずれて、基礎工事にゴーサインを出した。もはや後へは退けない。なんとなくルビコン川を渡ったような気がした。

他方、プロジェクトの推進体制にもほころびが出ていた。当初からある程度は予想していたことでもあったのだが、例の期間限定のプロジェクトマネージャーとして雇用したフランス人の建築エンジニアがボリスの仕事ぶりをうまく管理できていないようだった。ふたりの関係もうまくいっていなかった。そのうえ、ボリスはサブコンから調達する部材を、こともあろうに価格の高い物から順に選んでいた。プロジェクトマネージャーはすっかりなめられていたのである。それを知って岩切さん配下のイタリア人エンジニアが呆れていた。

わたし自身も、出張が多いなかで引きもきらずに来客があったりして、現場に対する目配りが足りていなかった。おまけに、その夏にはすでに記した税務調査への対応もあり、またカザフスタン駐在員室の立ち上げと応援などもあって多忙をきわめていた。けれども、後戻りはできなかった。工事ははじまっており、途中で投げだすわけにはいかなかった。

ふたたび本社のPE部と相談し、この機会にそのフランス人エンジニアとの契約を打ち切って、岩切さんに無理をお願いし、設計に加えて技術と施工の一部（品質管理）までをみてもらうことにした。またそのために、ローマの事務所から三人のエンジニアが専任で現場に常駐してくれることになった。

同時に、あらたにわたし自身が中心となり、岩切さんと配下のエンジニア、トヨタヨーロッパの経理・財務コーディネーター、そしてロシアトヨタからプロジェクト推進役のアンジェイと、経理・財務担当として経営会議メンバーに昇格したエレーナを入れた六名で構成されるステアリングコミッティ（運営会議体）を設置して、そのもとでボリスの会社にサブコンの管理なった。

と現場監督を任せることにした。本社のPE部による協力も、それまで以上に得られることになった。

こうして二〇〇六年九月半ばからプロジェクトの推進体制を刷新し、月次の進捗確認会議をスタートさせて、皆で責任と課題を共有してゴールをめざすことになった。また、この機会に大日程も見なおして、当初の計画からは一年遅れの二〇〇八年末の竣工をあらたなゴールにした。岩切さんのイニシアティブでバリューエンジニアリング（部材ごとに、機能がもたらす満足度とコストの妥当性の両面から最適なアプローチを追求する手法）を徹底して、総合的な費用の洗いなおしと、思い切った設計変更もおこなった。

年末には、補正予算の承認を得るために日本へ飛んだ。本社における予算の再決裁ではヨーロッパと日本の両本社の後輩たちの協力をあおいだ。

ロシア的なる諸相

こうして、ようやく二〇〇六年冬に建設工事が本格的にはじまった。

実際に動きだしてみると、ロシア社会のいろいろな実態がわかってきた。

社会の無法ぶりに泣かされもした。

そして、幾度か天を仰いだ。

建物に必要な資材や器材はほとんど輸入品に頼らざるを得なかった。外壁パネルから断熱材、ドア、サッシ、ガラス、工具類にいたるまで、ほとんど皆、ドイツ、イタリアやポーランドをはじめヨーロッパ各国から輸入した。国産品には要求レベルに見合うものがなかったからだ。内装備品や照明器具、机、椅子、厨房設備、ボイラーシステムなどの類いはいうにおよばない。ロシアで調達したものといえば、基礎工事につかう生コンや杭、レンガ、鉄筋、それにコンクリートの地盤に埋めこむためのメッシュの鉄線ぐらいだった。要するに、加工度のひくい素材に近い資材ばかりで、現代ロシアの産業のみじめな実態を垣間見る思いがした。

また、そうした資材や器材の輸入は、ことごとく少数の商社（ブローカーといったほうが実態に近いかもしれない）に独占されていた。そして、そこに有象無象の業者たちがまるで船底に付着するフジツボのように群がって、厄介な通関手続きの代行もふくめて、巨大な輸入ビジネスのすそ野を形成していた。認証料や手数料などの名目で、あちこちへお金が落ちるしくみ（早いはなしが「袖の下」である）になっていた。そのため、市場価格がゆがめられて、オフィス用の机や椅子、ロッカー類までもが、ヨーロッパと比べると信じがたいほどに高くなっていた。

国産品はあっても、認証が取れていなかった。各種認証の取得に手間がかかることは、本業の自動車や補給部品の輸入手続きでも経験していたが、ロシア国内での流通に必要な認証のハードルを高くすることで、逆に輸入ビジネスが生む利権のしくみをかたくなに守ろうとしているのではないかとすら思われた。社会に巣くうこのような利権の構造が、あたかも沼地をすすむ者の足に絡みつく、ずっしりとして重く水をふくんだ泥土のごとく、新しく生まれるはずの産業の足を執拗に引っ張っているのだろう。

ロシアで輸入資材がめっぽう高い理由もわかったし、国産の製造業がそだたない理由もわかった気がした。わたしはそれまでながくロシアをみてきたが、流通業の寡占と、そこに温存される不透明なビジネスの実態こそは、現代ロシアの不合理な根っこに潜む変わらない本質のひとつではないかと思われた。

他方、建設現場ではたらく職人（技能工）には、イタリア人やポーランド人などヨーロッパから流れてきた外国人が多かった。地元の職人を使うのは土木工事や生コン打ちなどにかぎられていた。ロシア人は規律もわるいし、納期も守らないから使えないのだとは、日本の建設会社の駐在員の言だった。畢竟（ひっきょう）、ロシア人の主たる役まわりは、顧客から仕事を請け負って、自らは作業をしないで必要な資材と人員を手配して、手間賃や材料費に利益を上乗せしてかせぐこと、つまりは請負師だった。そのうえ概してロシア人は、きつくてきたない力仕事や危険をともなう作業には寄りつかない。現場の土木工事は、もっぱら南の中央アジア（ウズベキスタン、タジキスタン、キルギスなど）やコーカサス（アゼルバイジャン、ジョージアなど）からやってきた出稼ぎ労働者たちの仕事だった。

そうした建設作業員たちは、工事現場のわきに建てられたプレハブ小屋に寝泊まりしていた。土曜日、日曜日の休みが明けた朝、飯場のわきにウォッカの空き瓶がひとの背丈をこえるほどの小山となってうずたかく捨てられていた光景を思い出す。おそらくアルコールのためなのだろう。昼間からうつろな眼をして歩く男たちを見かけることもめずらしくなかった。日曜日の現場で、酒に酔った作業員が工事中の建屋の屋根にのぼって落下する事故も起きた。

「こんな現場はこれまで見たことがないですよ」

視察におとずれた岩切さんが愕然としてつぶやいていた。

わたしは、ロシアは紛れもない階層社会なのだと実感した。

そういえば、ロシアトヨタでは従業員どうしの親睦と福利厚生をかねて、毎年夏と冬に会社主催のディナーパーティーをもよおして日ごろの労苦をねぎらうことにしていた。夏はモスクワ川のクルーザーをチャーターするなどして、冬はホテルのホールやダウンタウンのレストランを借りきって、皆でお酒を飲みながら語らい、またディスコダンスを踊って楽しんだ。

このパーティーに、ふだんはオフィスから離れたところで仕事をしている部品倉庫の作業員たちも招いたらどうか、とわたしが提案したことがあった。ところが、これに総務マネージャーのユリアが血相をかえて反対した。彼らは自分たちとは別世界で暮らす別人種のひとたちだ、とでも言わんばかりの口ぶりだった。たしかに、アルコールが入ると分別をなくしかねない荒くれ者も多かった。結局、一見して腕っぷしの強そうな倉庫マネージャーのセルゲイが、なにか起こりそうなときは自分の責任で制するから、ということで、労務サービス会社からの派遣作業者をのぞく正社員だけを招くことになった。この社会における労務管理のむずかしさを思い知った次第である。

その後も、許認可の取得作業は延々とつづいた。詳細設計の図面に対して、技術面から細かい指導がいろいろ入った。部品倉庫（内部は二階建てで、部品の積みおろしにはフォークリフトが使われる）や車両整備士のトレーニングセンター（柱つきのリフトなどの重機械が据えつけられる）、キャンティーン（さまざまな調理機器や厨房設備一式が導入される）、コジェネレーションシステム（モスクワ郊外では電力供給が安定しなかったため、自家発電設備は必須だった）など、特殊な設備機器が設置される建物では、作業員の安全や衛生、健康が維持されるかといった観点からも細かい審査がおこなわれた。部品倉庫については在庫部品の品目、数量、可燃物の有無から棚の配置にいたるまで細かな指導が入った。可燃物を二階に置くことはまかりならなかった。

これほど厳格な審査がおこなわれていれば、倉庫の屋根が崩落する事故など起こらなかっただろうに、と思ったりもした。きっと、そこここで袖の下がまかりとおっているのだろう。ただし、その点について、ボリスとオレグのふたりに対しては徹頭徹尾、ロシアの法律にしたがって愚直に仕事をすすめるように指示していた。どんなにたいへんだとしても、最終的にはそのほうが地元の住民や規制当局の信頼を得ることにつながるはずだ。岩切さんのチームからエンジニアが現場に張りついて対応し、総務マネージャーの呼びかけで、図面の修正には従業員も積極的に協力した。結局、すべての文書がほぼ揃って正式な建築許可がおりたのは、工事が七割ぐらいまですすんで建物の外観が姿をあらわしたころだったように思う。

ところで、工事がまさに本格化したころ、予想だにしない、いかにもロシア的な（と言わざるをえない）厄介な問題が持ちあがったことを記しておかねばならない。建屋の建設作業がはじまって、工事用の車両が現場へアクセスするための作業用道路が敷地のまわりの何ヵ所かに設けられたのだが、あるときその作業用道路の地権者と名乗る男がやってきて、ここは自分たちの土地だ、勝手に使うな、九〇年分の地代を払え、と文句を言ってきたのである。

そこは、隣地との境界線に沿った、送電線の下の細長い土地だった。荒れ野原だったころのまま、近くに高い鉄塔が立っている。当初はそのようなリスクも考えて、この細長い一画もふくめてまるごと買い取るつもりでいたのだが、もともと送電線の下は売地ではないので買い取るにはおよばないと、モスクワ州政府からアドバイスされて買わずにすませていた事情があったのだ。念のため、当時の担当の副知事とのあいだで、このことについてメモランダム（覚書）まで交わしていた。

ところが、このできごとを受けて調べてみると、いつのまにか売り払われていたことがわかったのだ。しかも、あろうことか、当の副知事のお墨付きでおこなわれていたのだ。怒りをとおりこして、ただ唖然とするばかりだった。ただちにボリスから州政府へクレームさせるとともに、カラハノフ代表に会って善処を求めた。

また、これと似たようなことはほかにもあった。基礎工事をはじめたばかりのころ、下水道管の一部が自分の土地をとおる、通過料を払え、とこれまた別の地権者がクレームしてきたこともあった。このときは面倒を避けるためにルートを変更してすませたが、相手がトヨタと知って皆が金をむしり取りに群がってくる。そういう一面もなきにしもあらずだったのではないかと思う。まったく油断も隙もなかった。

むろん、そうした輩を蹴散らすのはボリスの役目だった。そのボリスはヘルメットをかぶって現場の管理に余念がなかった。大きな頭に白いヘルメットが小さく乗っかって可笑しくもあったが。

二〇〇六年十月、ロシアとコーカサスのジョージアとの関係が悪化したことがあった。モスクワではジョージア企業にいっせいに家宅捜査が入り、カジノがことごとく閉鎖され（それらの多くはジョージアマフィアが経営していたらしい）、モスクワ―トビリシ間の直行便の運航も停止されて、ロシアではたらくジョージア移民が貨物列車に詰めこまれて強制送還される始末だった。アルトゥフェヴォの建設現場でも飯場に査察が入ったようだった。たまたまモスクワへ来ていた岩切さんが、ボリスにどうだったかと訊くと、前夜のうちにジョージア人を全員トラックでどこか別の場所へ移送したのだと涼しい顔で話していたそうだ。そういうところは、なぜか手まわしがよかった。

また、冬のロシアでは、マイナス一〇度以下の屋外での作業は法律で禁じられていた。けれども、ボリスはどこで仕込んだ荒わざか、コンクリートミキサーのような大型扇風機を現場へ運びこんで暖気を送り、外からは見えない建物の内側で職人たちに工事をさせていた。そういう剛腕で頼もしいところもあった。

Grow Together

二〇〇七年は記録的な暖冬で明けた。

雪解けによる泥水は半端な量ではなかった。

アルトゥフェヴォの現場では、コンクリートの打ち込み作業がすすんでいた。打ち込んだセメントが寒さで凍るのを防ぐため、鉄筋を銅線コードで電気につないで温めていた。その様子を視察して、イタリア人のエンジニアは信じられないといった顔で驚きを隠さなかった。

やがて春さきのある朝、建設中の支柱が傾いたと連絡があった。出勤途中に立ち寄ると、年末に打ち込んだばかりだった部品倉庫の支柱のなん本かがわずかに傾いているではないか。その光景をまえに、呆然としてその場に立ちつくした。

見えない地下深くで、基盤がずれたようだった。エンジニアに訊くと、ふつうは杭を地中奥深くの岩盤まで打ち込むのだが、倉庫は建物自体の重量が軽いため、地盤を強化してそこに建てた支柱が、暖冬で変化した地下水脈のせいで基盤ごと動いたのだろう、と言う。モスクワ市の地下には幾筋もの川が流れている、と以前、だれかに聞いたことがあった。思いもしない自然のいたずらだった。

「ニシタニさん、日本は安定した国ですが、ロシア人は常に変化を予想して生活しています」

途方にくれた現場で、ボリスの事務所のコンサルタントにそう声をかけられた。予期せぬことがふつうに、なんでもないように起きるのがロシアという国の常だった。とにかく支柱を打ちなおすほかない。わたしはゴールまでの遠い道のりを思った。

他方、こうして過ぎていくあいだにも、会社のオペレーションは月を追って拡大した。また、トヨタが現地生産を決めていたこともあって、ロシアに対する関心が日本でそれだけ高まっていたせいかもしれない。来客もあとを絶たなかった。

初夏、ロシアの五月は最高に美しい季節だ。まばゆいばかりの新緑とは、おそらくこういう景色をさしていうのだろう。緯度の高いモスクワでは、毎年三月最後の日曜日の午前二時ちょうどに時計の針が一時間すすんで夏時間にかわった（ただし、この制度はメドヴェージェフ大統領時代の二〇一一年に廃止される）。あくる朝から日がにわかに長くなったように感じられ、凍てつく暗い冬が終わって、まわりのすべてが日を追うごとによみがえるように明るくなる。陽射しも高くて暖かくなり、公園の樹々はそよ風に揺れながら、透きとおるような薄い若葉をすくすくと伸ばしていく。やがて、トーポリ（ポプラ）の並木から白い綿のような種が風に舞う。

六月なかばから月末にかけての二週間、第一三回チャイコフスキー国際音楽コンクールが国立モスクワ音楽院をメイン会場にして開催された。東西冷戦さなかの一九五八年にはじまって、ソ連崩壊後の混乱期をふくめて四年ごとに開催されてきたのだが、二〇〇六年に開催されるはずだった第一三回は資金不足のために見送られていた。それを、ロシア文化省のソコロフ大臣（当時）から懇請されて、トヨタがゼネラルスポンサーになって、晴れて一年遅れで復活することになったのだった。

音楽コンクールでは、ヴァイオリン部門で日本の神尾真由子さんが見事に優勝を果たした。彼女の一七二七年製ストラディヴァリウスが奏でる、チャイコフスキー作曲のヴァイオリン協奏曲の調べは聴く者の心をやさしく溶かすようで美しかった。コンクールの直前には、日本から張富士夫会長（当時）がモスクワをおとずれて、孤児院の少年少女たちに招待状を贈るなどして開催に花を添えた。また表彰式には、トヨタヨーロッパから社長のAさんが出席して、トヨタを代表して挨拶に立った。

トヨタとしては、前年春の世界室内陸上競技選手権につづくゼネラルスポンサーだったが、前年の取組みがブランディングやマーケティングの効果を訴求したのに対して、チャイコフスキー音楽コンクールでは純粋な社会貢献活動として協力した。チャイコフスキーの銅像を絵柄にしたコンクールのシンボルマークに、小さく〝後援 TOYOTA〟とだけ記されていた。もちろん、ロゴタイプだけはお馴染みの赤いボールド体のゴシックで。マーケティングの担当者には、トヨタの露出はできるだけひかえめに抑えるように指示していた。そもそも社会に対する貢献は、企業の広告や宣伝のためにするものではない。目立たないように、そっとおこなうものだと思っている。トヨタが協力してくれていたのだと、だれかがそれとなく気づいてくれさえすればそれでよかった。

それでも後日、ディーラーのショールームを訪問すると、トヨタは素晴らしいことをしてくれた、と多くのひとたちから感謝の言葉をいただいた。音楽は歌劇（オペラ）やバレエ、文学とならんでロシアの歴史とともに育まれた豊かな文化、すべてのロシア人の魂の根底にやどる財産だった。そういうロシアのひとびとが誇る国際音楽コンクールを絶やさないですんだことは本当によかったと思っている。

他方、この時期になると、プーチン大統領は国益重視の考え方と表裏をなして、企業の社会的責任や外資系企業のローカライゼーションの必要性を強調するようになっていた。それを意識したわけではなかったが、さまざまな活動に参加して収益を社会に還元するよう心がけた。

二〇〇七年から、ロシアトヨタはモスクワ州のアイスホッケーチーム〝ヒミキ・ヴォスクレセンスク〟のゼネラルスポンサーになってもいた。カラハノフ代表に口説かれて、これから世話になる地元のひとたちへの挨拶代わりのつもりで受諾した。秋の国民マラソン大会や冬の全土クロスカントリースキー大会へも、各地のディーラーを巻きこんでスポンサーとして参加した。これには、日ごろから運動不足気味だった出向者や従業員を誘って、わたしも家族といっしょに参加した。

ロシア経済はますます好調に推移した。二〇〇四年一月にわずか月販二五〇〇台からスタートしたロシアトヨタの販売は、二〇〇七年九月には月販一万三〇〇〇台をこえるスケールの、ヨーロッパ有数のオペレーションになっていた。石油がもたらす富はそれほど膨大だった。十一月には通年で一四万五〇〇〇台をこえて、あと少しで年間一五万台販売に手がとどくところまできていた。

ビジネスの可能性は大きかったが、失敗や苦労もまた数知れなかった。突然、まえぶれもなく通関ルールが変わることは相変わらずだったし、法律や規則の朝令暮改に翻弄されることは日常茶飯事だった。それが、あたりまえの日常だったように思う。けれども、まえにも記したように、わたし自身は当時のロシアが内包するさまざまな矛盾と向きあいながら、常にロシア社会の発展とともにあり、そこに属する若い従業員たちとともに成長していくことこそが、ロシアへ進出したトヨタのすすむべき道でありたいとねがっていた。

「明日は今日準備する者たちのもとにある。ロシアにおけるトヨタはけっして立ち止まることなく、これからもロシアとロシアのお客様とともに発展し、成長していく企業でありつづけるよう努力してまいる所存です」

ディーラーのオープニングで、わたしは祝辞のメッセージをこう結んだ。

リスクを負って一途にすすむ。皆がそういう思いでひたすら船を漕いでいた。

ところで数年前、知人から、そのころ話題になったある小説のことを訊かれたことがあった。主人公の女性が恋人とロシアへ旅行するシーンで登場する人物のモデルがどうやらわたしではないか、と。

五月二十四日（木）一五時三〇分、シェレメチェヴォ空港第一ターミナルにて来客出迎え、と当時の手帳にある。チャイコフスキー国際音楽コンクールよりも少しまえのことである。ひとりの女優が初老の紳士とともにモスクワをおとずれた。

午後四時を少しまわったころ、その特別なふたりが空港の出口に姿をあらわした。

「ようこそモスクワへ。お待ちしていました」

挨拶もそこそこに、ふたりをレクサス四〇〇hのリアシートに乗せてドアロックを確認すると、助手席に乗りこんでドライバーのセルゲイに車を出すように言った。陽射しのさわやかな、よく晴れた午後だった。

——二人をモスクワの飛行場に出迎えてくれた男はノーネクタイのラフなスタイルで、風に吹かれたように気さくな様子が、大会社のモスクワ支店長にはいかにも相応しくない佇まいで、笙子はすぐに好感をもった。九鬼との間にも上下関係を抜きにした濃くも薄くもないあっさりとした友情のようなものが漂っていた。

「伊奈さん、モスクワははじめてじゃないですよね」と、糸見というその男が訊いた。


（岸惠子著『わりなき恋』より）


後年、彼女が著わした私小説風のロマンスに、「糸見」という名で描かれる「風に吹かれたように気さくな様子」の男とは、どうやら筆者をモデルにしているらしい。

その女優はパリに住んでいた。ソ連ともゆかりがある。なにしろ若いころに映画『スパイ・ゾルゲ――真珠湾前夜』（イヴ・シャンピ監督、一九六一年松竹）に出演し、ソ連共産党のフルシチョフ書記長に招かれているそうだ。外相時代のシュワルナゼ（一九八〇年代後半にゴルバチョフ政権によるペレストロイカを支えたことで知られる）にインタビューもしている。もちろん、いまも現役である。名女優に好感を持っていただけたとは光栄だが、いささか面映ゆい気もしないではない。

その日の午後、わたしはふたりのランデヴーにフルアテンドするため、秘書にだけ事情をつたえて休暇を取っていた。デニムの疲れたブルージーンズにネイビーの縒れた綿麻ジャケットが、仕事を離れたオフの日の定番だった。ジーンズの膝には、いくつかほころびが入っていた。タバコを口にくわえたラフな風貌が、どことなく風に吹かれたように見えたのかもしれない。

ただし、つづくくだりに、同伴した紳士の言葉として、「うちの会社には探してもいない個性派」で「一風変わった男……」とも書かれている。不徳の致すところではある。

走りはじめてすぐ、リアシートで女優の甘く掠れたような声がした。

「あなた、わたくしのトランクのことだけど、この方たち、ピックアップしていただけたかしら？」

咄嗟に、ぬかった、と思った。わたしはさすがに少し緊張していたのかもしれない。

「失礼しました」

すかさず紳士のほうをふり返ってさりげなくひと言詫びると、ただちに空港へもどるようにセルゲイに指示した。そして、携帯電話で「赤い嵐」の社長に連絡し、空港の係官にコンタクトして、ゲストのトランクをピックアップして車寄せまで出してもらえるように頼んだのだった。彼にはロシアのいろいろな機関とコネクションがあって、いざという時になにかとつぶしが利いた。ロシア語なので、後ろのふたりに仔細は知れなかったはずである。

さいわいにも、車はさほど渋滞に巻きこまれることもなく、レニングラード大通り（クレムリンから放射状に延びる幹線道路のひとつで、モスクワとサンクトペテルブルクを結んでいる）を一路、南の方角へ快走してダウンタウンにある五つ星ホテルまでたどり着いた。

フロントマンがきれいな英語で応対し、チェックインはスムーズにすんだ。

「夕食まで少し時間がありますので、宜しければ赤の広場をご案内しましょう。ここから目と鼻のさきの距離です。三〇分後にロビーでお待ちします」

やがて〝ピンポーン〟とチャイムが小さく鳴ると、アトリウムにそびえるガラス張りのエレベーターのドアが開いてふたりが現れた。ロビーに居合わせた皆の視線がいっせいに吸いこまれるように彼女のほうへ注がれる。女優は、いかにも初夏の到来を思わせる、白っぽい木綿のロングスカートに着替えていた。五月のモスクワによく似合っていた。

ふたりを案内して赤の広場を少し散歩したあと、〝グム〟と呼ばれるソ連時代からある巨大な軍艦のようなデパートへ入った。ファサードには、ルイ・ヴィトンやシャネル、クリスチャン・ディオールなどのワールドワイドな高級ブティックがきらびやかに並んでいる。ソニア・リキエルのショップで、紳士がつばのひろい黒い帽子をプレゼントした。同系色の黒いバラのコサージュがアクセントになっていた。彼女が姿見のほうへあゆみ寄り、そのまえで少し斜めにかまえて顎をひき、上眼づかいに茶目っ気を浮かべて小粋にかぶってみせる。一瞬、鏡のなかからオーラが放たれた。その妖しい美しさに、わたしは思わずドキッとした。二〇〇七年初夏のアルバムの一ページである。

その秋、わたしは相談役といっしょにシベリア鉄道に揺られて二泊三日のみじかい旅をした。

間奏曲

シベリア鉄道紀行譚

夕闇迫るベロゴルスク駅
地元のおばさんがバケツに入れた木の実を売っていた。
シベリア鉄道の停車場ならではの旅情が漂う。
(2007年9月、撮影：筆者)

大陸の秋はみじかい。

二〇〇七年九月八日、土曜日、午前九時四五分、ロシア鉄道ハバロフスク駅。

鉛色の空。小雨が降り、肌寒い。週末の駅構内を、厚手のコートやセーターを着込んだ人々がまばらに行き交っていた。わたしたちはひろいコンコースを横切ってまっすぐすすみ、地下道をとおってめざす四番ホームへと急いだ。

階段をのぼってプラットホームへ出ると、ちょうど列車が入ってくるところだった。ウラジオストク発ノヴォシビルスク行き七号は、武骨で重厚そうな電気機関車に引かれていた。わたしたち三人がトランクを引いて歩くすぐ脇を、いかついつくりの客車をのせた鉄の車輪がゆっくりまわりながら過ぎていく。やがて列車が停まると、始発駅のウラジオストクから乗車させたふたりのボディーガードが鉄のタラップを降りてきた。

発車五分まえ、見送りにきてくれた地元のディーラーのひとたちにていねいにお礼を述べ、ボディーガードに先導されて一六両編成の一〇号車へ乗りこんだ。

午前一〇時二五分、列車は定刻どおり、すべるように発車。走りはじめてほどなく、不意に空気を裂くような〝ガーッ〟というけたたましい轟音とともに真っ暗闇になった。アムール河の地中へ入ったことに気づくのに時間はかからなかった。

やがて、そのながいトンネルを出ると、ハバロフスクの街ははるか遠くにかすかな影を残すのみであった。車窓にながれる枯れた草原と湿地帯。かなたに白樺の寒々とした細い木立がかすんではまたつづく。マッチ箱のように角張った数台のラーダが雑木林の向こうに見え隠れしながら、まるで野うさぎが駆ける姿さながらに列車と競うように全速力で走っていく。時折、〝キー、ギギーッ〟と、鋼のバネが軋(きし)むような音を立てて左右に大きく揺れはするが、やがて慣れてしまえば、それもまた心地よい旅情の伴奏へと変わるのだった。

シベリア鉄道に乗る

秘書部のYさんからモスクワのわたしに電話があったのは三ヵ月ほどまえのことだった。半年さきの十二月にロシア工場の竣工式がひかえていた。

いわく、相談役がシベリア鉄道に乗りたいと言っている。出張期間は九月七日から一週間。ただし、ある程度まで乗ったところで途中下車し、その後サンクトペテルブルクへ行く予定。プログラム案を用意してほしい……。

そして、これを受けて、当初は日本海に近い始発駅のウラジオストクから乗車する予定でいたのだが、あいにく直前になって日本列島を台風九号が襲ったため、出発を急遽一日遅らせて名古屋からハバロフスクまで社有機で一足飛びに移動することにし、おなじ列車に先まわりして途中乗車することになったというわけである。この機会をのがすと、他の時期に変更するのはむずかしかったのだろう。わたしのほうもそれに合わせてスケジュールをやり繰りし、前日の夜間フライトで勤務地のモスクワから八時間かけて極東のハバロフスクへ飛び、着いたその足で、おなじ空港の国際線ターミナルでそのひとを出迎えたのだった。

それにしても、ロシア極東のハバロフスクからチタ、シベリアのウランウデ、バイカル湖畔をとおってイルクーツクまでおよそ三三五〇キロ。これをわざわざ二泊三日、六〇時間ちかくもかけてトロトロと寝台列車で移動するというのだ。すでに前年の六月に会長から取締役相談役にしりぞいていたとはいえ、福田康夫内閣の特別顧問もつとめるそのひとが、過密なスケジュールをやり繰りしてまで、なぜこの時期にシベリア鉄道に乗る必要があったのか。しかも、日本のJRグループが運行するデラックス寝台特急ならまだしも、ロシア鉄道のいかにも古めかしい寝台列車に揺られてシベリアを行くなど、なにかと不便で退屈な思いをするだけのことだっただろうに。そもそも、当初の予定ではウラジオストクから三泊四日の長旅になるはずだったのだ。

けれど、わたしはその理由を秘書のYさんからも聞いていなかった。

いまとなっては、早や一五年以上もまえになる。二〇〇五年六月にサンクトペテルブルク市郊外でおこなわれた工場の鍬入れ式にはプーチン大統領も出席して、日本の新聞やテレビでも大きく報じられたことはまえに書いた。

さて、そのひとはそのとき、仮設テントの控え室で大統領からある提案を受けていた。日本からシベリア鉄道を使ってノックダウン部品（自動車をつくるために必要な組み立てキット。ロシアで調達できないため日本から輸入する必要があった）を運んでみてはどうか、と。またその後、翌二〇〇六年三月にモスクワで開催された日ロ賢人会議では、シベリアに日本の新幹線が走るようになれば、バイカル湖がずっと近くなって日本から観光客がどっと押しよせますよ、とおどけてみせて、会場をおおいに沸かせたこともあった。

しかし、そうしたできごとがあったにもかかわらず、シベリア鉄道の調査はあまりはかばかしくはすすんでいないようだった。笛吹けど踊らず、という腰の引けた状態がつづいていた。そして、いつしか二年以上が過ぎ、かたや工場の完工はいよいよ間近にせまり、その年の十二月には、ふたたびプーチン大統領を招いてロシア製トヨタカムリ第一号の出荷セレモニーをおこなう手はずになっていたのだ。

このような事情もあり、そのひとには、年末にプーチンと再会するまえに一度は自分自身でシベリア鉄道に乗ってみて、せめて乗り心地ぐらいは自分の言葉でつたえたい、という思いがあったのかもしれない。

それに、多忙な自分が重い腰をあげたことが社内の知れるところとなれば、遅々としてすすまないフィージビリティー調査にもおのずとネジが巻かれるだろう、という思いもあったかもしれない。すでに経営の第一線からしりぞいているとはいえ、そのひとが動けば、皆がまるでさざ波立つがごときに動きだす。わたしがシベリアからモスクワへもどるその夜から、本社の役員のロシア訪問がぞくぞくと予定されていた。さすがにトヨタという巨艦組織の機微をよく心得ている。だが、当の本人はそのようなことはおくびにも出さず、なに食わぬ顔で泰然としている。

いずれにせよそのひとにとり、多少の不便と暇はかかっても、とにかくシベリア鉄道に乗ることだけが、この旅の唯一無二の目的であるように思われた。

食堂車のテーブル談義──その一

一〇号車は、ロシア語で〝МСВ(エムエスヴェー)〟と呼ばれるバネのやわらかい一等寝台車だった。八つのコンパートメントが片側に並んで、デッキには赤い絨毯が敷かれていた。コンパートメントにはベッドがふたつ向きあうようにあり、始発駅のウラジオストクから乗り込んだ人々が、ドアを開け放って気ままに本を読んだり、横になったりしてくつろいでいた。わたしたちはふたり用のコンパートメントをひとりでぜいたくに使うことにしていた。トランクをひとまずベッドの下へ収納して身のまわりを整理していると、車掌がきてベッドメークをしてくれた。

午後一時ごろ、相談役と、日本から同行したYさんに声をかけ、食堂車にて昼食。

四人がけのテーブルが通路を挟んで左右に五卓ずつ、奥のバーカウンターの向かいにさらに二、三卓。ほかに客のいる気配はない。少し早かったかな、と訝(いぶか)りながらまわりを見渡す。ふたりのボディーガードが、心得たようにひとつ奥のテーブルに相談役と背中あわせにすわる。

野菜サラダ（トマト、きゅうり、タマネギのサワークリームかけ）を三つ、ボルシチ（ロシア料理では定番の牛肉入りの赤カブスープ）を三つ、ポークとチキンのシャシリク（金属の棒でさした串焼き）をひとつずつとポークステーキをひとつ、それに国産ビールの〝シビリスカヤ・コローナ〟（「シベリアの王冠」という意味で、モスクワでは〝魂のビール〟のキャッチコピーで知られていた）を三本注文。締めて八五九・五ルーブル、当時の為替レートで約三九〇〇円である。

「なんだ、安いよなあ。キッチョウでこれだけ食べたらひとり一〇万円ですよ」

相談役が少し大袈裟に言う。体調もよく、上機嫌そうだ。

さっそく、旅の無事を祈念して冷たいビールで乾杯する。さすがは〝魂のビール〟、喉に沁みてうまい。

ハバロフスクを出発して、すでに二時間半ぐらい経っていた。

「いかがですか、乗り心地はどうですか？」

「そうだなあ、よく揺れはするけれど、いたって快適ですよ」

メガネの奥で、ほそい目をくずして朗らかに言う。相談役は、まゆ毛の部分に黒い樹脂をほどこした視野のひろいメガネを愛用していた。

「それに景色もいい、大陸はひろくて無限ですよ。日本の販売店の連中はオリエント急行なんかに乗って嬉々としているようだが、これからはシベリア鉄道に乗ったほうがいいですよ」

独特の言いまわしで悠然として言う。そして、さらにつづけて、

「(テスト輸送をやったら）部品に不具合がでたと物流部の連中からきいとるが、そんなものは少し工夫すりゃあ壊れはせんですよ。いっそ完成車（ノックダウン部品に対して日本の工場で組み立てた自動車のこと）も運んだらどうだ。早く使ってみたらいいですよ」

日本での過密スケジュールから解放されてか、いつになく口もなめらかだ。

わたしはさっそく、ロシアの自動車市場とトヨタの販売見通しについてブリーフをはじめた。市場と販売の報告は、そのひとと会うときの常である。

「そうか。ランクル（ランドクルーザーのこと）は足りとるか？」

「カムリとカローラはどうだ？」

「タマは足らんくらいがちょうどいいですよ。今年の販売はなん台ぐらいいきそうか？」

年間の販売見通しはその時点で一五万五〇〇〇台、翌二〇〇八年には二〇万の大台ごえが見込まれていた。またディーラーの数も、翌年末にはトヨタを五九店舗、レクサスを二一店舗まで増やす大日程が組まれていた。矢継ぎ早の質問に、わたしは用意した資料を繰りながら早口で答える。

列車はときどき左右に揺れながら、鉄のレールのうえをすべるように走っていく。

Yさんがおもむろにビールをそそぐ。相談役は話題を転じた。

「プーチンは最近どうだ？　支持率は高いらしいが、ほんとうに大丈夫か？」

そのころ、欧米メディアはプーチンの強権的な政治手法や、欧米の価値観とは相容れないロシア社会の異質性をしばしば指摘するようになっていた。二〇〇六年一月にはロシアがウクライナ向けのガス供給を停止したため、おなじパイプラインを使ってそのさきで供給を受けていたEU諸国がパニックにおちいるできごとがあった。そのうえおなじ年の十一月には、連邦保安庁（FSB）の元将校が亡命先のロンドンで放射性毒物ポロニウム二一〇によって暗殺されるというスパイ小説もどきの事件が起きて、「ロシアは怖い国」という暗いイメージが日本でもひろがっていたのである。相談役は「資源国ロシア」の将来性を買ってはいたが、かたや政治があやまった方向にすすみはしないかと案じていたのかもしれない。

実際二〇〇三年秋のユーコス事件をさかいに、プーチンの政治手法は強権化の方向へすすんでいた。だが、それでもロシアのひとびとにとり、プーチンはいうなれば「義士」だった。たとえ欧米メディアの評価がどうであれ、わたしが知るロシアのひとびとからすれば、彼は社会を分裂と崩壊の瀬戸際から救いだし、安定と発展へみちびくための道筋をつけた救国のリーダーだった。世論調査による支持率も常に七〇%をこえていた。

「そうだよな、なかなかよくやっているなあ……」

相談役は、トヨタの鍬入れ式や日ロ賢人会議などで、それまでに三、四回は大統領と言葉を交わしているはずである。二〇〇五年十一月のプーチン訪日時にも日本経団連の会長として会っていた。

「真面目な人物ですよ」

どうやら、いくらか安堵したようだった。

もっとも、政治の強権化とともに、プーチンの出身母体だった連邦保安庁はじめ、〝シロビキ〟とよばれる軍や警察など治安機関の役割が社会全体に大きく張りだしてきていた。そのせいか、外国企業に対する締めつけが社会のいろいろな場面で強化されているようにわたし自身も感じていた。わたしがモスクワでのできごとにもふれて、そのような意味のことを補足すると、相談役は表情をくずさずに、ふうん、そうか……という顔で聴いていた。

その後、相談役は日本の経済界の動きについて、重大なイシューをボソボソとまるでこともなげに語りはじめた。この機会に、わたしの耳に入れておきたかったのかもしれない。わたしは相談役を見据えた。

「……ジュウとJR……ニホンが、シベリア鉄道の近代化に興味をしめしとるらしいな。……これからは日本とヨーロッパの物流が大きく変わりますよ。……ジュウは一〇〇〇両つくりたいと言っていた。……トヨタもつぎはここらへ……でもつくって、最初は簡単なノックダウンからはじめて徐々に大きくしていくというようなことを考えたほうがいいなあ……」

相談役の発する声は、ときに丸味を帯びていくらかくぐもりがちに聞えることがある。それもあってか、列車の絶え間ない走行音（これがとても静粛とはいいがたいのだ）にさえぎられて耳を凝らさないと聴きとりにくい。わたしはテーブルに半身をのりだし、失礼とは知りながらも手のひらを耳にあてて、なん度も、ええっ？ と訊きかえす。

「そうなんですか」

わたしは頷（うなず）く。

どうやら日本の経済界ではいろいろな検討がはじまっているようだった。やがていつの日か、大陸が時間をかけてゆっくりと開発されていくことは自然のなりゆきのように思われた。そのさきに、このひとはいったいなにを思い描いているのだろう。わたしはいくらか驚きながらも内心、戸惑いつつ、半信半疑の思いで聴いている。相談役はそんなわたしの心の内など少しも意に介さないように穏やかな口調で語りつづけた。

食堂車のテーブル談義――その二

列車は、相変わらず大草原の真っただ中を走っていた。

食事がひととおり終わると、わたしはモスクワから持参したロシアの人口分布地図を、やおらテーブルの上にひろげてみせた。

日本海や朝鮮半島、中国東北部に近いところに、小さな円がインクのしずくを落としたようにまばらに印してある。円の大きさはどれも人口と比例している。その地図の上で、シベリア鉄道はウラジオストクを起点として北上し、ハバロフスクのあたりで左へ折れてアムール河に沿って西進し、内陸に点々と浮かぶ都市や集落をむすんで延々と西の方角へのびる。北緯でいうと、だいたい五〇度と六〇度のあいだぐらいである。そして、ウラル山脈をこえてさらに西へ視線を移すと、モスクワを中心に大きな円が幾重にも折りかさなって集積している。

相談役が熱いロシアンティー（紅茶に砂糖のかわりにイチゴジャムを入れて、もしくはそれを舐めながら飲む）をひと口、ちいさく音を立ててすすりながら言う。

「ダイコクヤはどうやってペテルブルクまで行ったんだ？」

プーチンのつぎはダイコクヤだった。地図を見やりながら、思いついたように訊くのである。こういうとき、誰彼かまわず苗字だけを呼び捨てで言うのはそのひとの常なのだが（ただし、ここでいう「ダイコクヤ」は屋号である）。

さて、その大黒屋光太夫（こうだゆう）である。かつて江戸後期、鎖国日本の伊勢白子浜のこの船乗りは、江戸へ向かう東廻りの黒潮上で暴風雨にあって難船し、果てしなく北へ流されることなんと八ヵ月あまり、ついにアリューシャン列島はずれのアムチトカ島に漂着した。そして、帰国の見通しも立たないまま、帝政ロシアの官吏にともなわれてカムチャツカから海路オホーツクへ移されて、そこから内陸の原野を西へすすんでヤクーツクへ、さらにシベリアの奥ふかくバイカル湖畔のイルクーツクへ連れていかれた。わたしは、たまたま以前読んだことのあった『おろしや国酔夢譚』（井上靖著）の記憶をたよりに話しはじめた。

相談役はテーブルの地図に見入っている。極東からシベリアにかけての北半分には、そのヤクーツクとイルクーツクのあたり以外は、小さな丸い点がわずかにところどころに印してあるだけだ。原住の少数民族をのぞけばひとっ子ひとり住まない荒涼たるツンドラ地帯が眼に浮かぶ。そこは、ひとの四肢をもぎとっていくほどの厳寒が支配する北方の雪原だ。

ロマノフ朝のロシアは当時、江戸日本と交易するために日本語を話す船乗りを必要とした。光太夫はイルクーツクの航海学校で、ロシアの船乗りたちに日本語を教えた。そして数年後、帰国を願いでるためにはるか遠い北の都ペテルブルク（現在のサンクトペテルブルク）へ向かうのである。ときに一七九一年一月なかばのことだったという。見渡すかぎり一面氷雪におおわれた果てしない原野を馬橇（ばそり）に揺られ、ウラルのなだらかな丘を越え、さらにヴォルガ、モスクワをとおって昼夜となく走りつづけることなんと三十有余日。ついにペテルブルク郊外の宮殿で晴れてエカテリーナ二世（女帝、在位一七六二―九六）に拝謁し、祖国へ帰してもらえるよう嘆願したのだった。

「ベドニャシカ（可哀そうなこと）」

光太夫の姿を見て女帝はそう二度繰りかえした。

白子浜をでたときには一六人いた仲間のうち、このときまでにすでに一二人が他界していた。生存者は船頭の光太夫をふくめてわずか五人になっていた。

「オホ、ジャルコ！（なんと痛ましいことか！）」

それを聞いた女帝は低く口に出して悼んだという。

翌年、光太夫はイルクーツクに住むオランダ人の鉱山技師アダム・ラクスマンにともなわれて根室へ帰還を果たす。伊勢の小港を出帆して以来、早や九年の歳月が流れていた。ペリー提督の黒船来航にさきだつこと、およそ六〇年まえのできごとである。日本とロシアのえにしは、実にアメリカとのそれよりもずっと古い。わたしたちのみじかい旅は、一路、そのイルクーツクをめざしていた。

食堂は八号車にあった。黒いスーツのボディーガードふたりに前後をまもられて一〇号車へもどる。のんびりとくつろいでいた乗客たちが、わたしたち一行が歩いてすぎる様子を訝しげにふりかえる。

この旅のために、わたしは警備会社の「赤い嵐」に依頼し、信頼できる四人のボディーガードをモスクワから送りこんでいたのだった。うちふたりには始発駅のウラジオストクから乗車させ、予約したコンパートメントをあらかじめ警護させていた。他のふたりとはハバロフスクの空港で落ち合い、そこでいっしょに相談役を出迎えて合流した。いまだから明かすのだが、不測の事態にそなえ、リーダーのジーマは懐中にトカレフ（ロシア製の軍用自動拳銃）を忍ばせていた。むろん実弾装着だ。それを承知しないとじゅうぶんな警護はできないということだったのである。

極東の停車場にて

午後三時を過ぎたころ、最初の停車駅オブルーチェに到着した。

車掌が扉をあけて鉄の梯子をおろす。わたしたち三人は線路脇の小石のうえに跳びおりて、少しはなれたところでひとしきり体操をした。

しばらくすると、どこからともなく鉄道員のおじさんが現れて、ながい柄のついたハンマーをふって鉄の車軸や車輪をひとつひとつ〝カーン、カーン〟と叩きながらのんびり歩いていく。ネジのゆるみやひびわれが生じていないか点検しているらしい。そのかたわらで、恰幅のいい女の駅員が、太いゴムホースをあやつって給水タンク車から客車に水を補給している。動作が機敏で実に手ぎわがいい。鉄道員のおじさんの後ろ姿が、なんだかとても貧相にみえて可笑しかった。

野良犬が二匹、うれしそうに尻尾を左右にくるくるふって、車掌からパンの切れ端をもらっている。どうやら駅のまわりに棲みついているようだ。そこへ、別の車掌が加わってソーセージを投げいれる。ロシアでは犬とひととは友だちどうしだ。

地元のおばさんたちが、バケツに入ったリンゴやナナカマドの赤い実を列車の窓越しに手渡ししている。その脇を、アイスクリーム売りのお姐さんが、列車のほうを見やりながら客の声をさがしてそぞろに過ぎていく。いつのまにか、別のおばさんがやってきて、サラミソーセージの束を細ながくゆわえた紐を肩にかけてぽつんと立っていた。

停車場には、のどかで心優しい風情が漂っていた。こうして長距離列車が着くたびに、いまも変わることのない営みが、どれぐらいの昔からずっと繰りかえされてきたのだろう。シベリア鉄道ならではの旅情がそこにはあった。

相談役は悠然と腕を左右にまわしたり、首をまわしたり、体側を伸ばしたりしていた。若いころに柔道で鍛えたせいか（堂々の六段である）、首から肩口にかけてのあたりが、やや猫背気味にまるく盛りあがっている。そして、とくになにかを見ているふうでもなく、どこか懐かしさを感じさせる停車場の光景を、いつまでも飽きることなく心の底から楽しんでいるようだった。

午後九時、夕闇せまるベロゴルスク駅に到着。クリーム色の駅舎のまえにレーニン像がそびえている。車窓から見える駅舎のまわりは閑散としていた。時がゆっくりと流れているように感じられた。

相談役はベッドに寝そべってiPodを聴いていた。窓辺には読みさしの *Rising Sun*。マイケル・クライトン作のハードカバーだった。一九九〇年代前半のカリフォルニアを舞台にした経済サスペンス小説で、日本企業による買収や進出をつうじて日本人とアメリカ人の考え方のちがいや文化の壁を描いて話題になった。

「いかがですか。ゆっくり休めますか」

「枕が大きくて硬いのがいいなあ。横になって寝られるとは贅沢ですよ」

「はあ……?」

たしかに、大きなボタ餅のような丸い枕に頭をゆだねると(いくらか湿気っていたが)、首もとが落ちついて意外に気持ちよく横になれた。けれども、相談役にそう言われると言葉もなかった。相談役は一九三二年生まれのいわゆる戦中派だ。幼いころに乗った疎開列車のひどい混雑を思えばどうということもない、いたって快適ですよ、とでも言いたかったのだろうか。

いささか返事に窮しながらも、

「そうですね、首もとのすわりもよくて案外心地いいですね」

と、わたしもこのときばかりは軽い調子でこう応じた。この程度の揺れですまないことは、やがてわかるのだったが。

実は、シベリア鉄道に乗ることについて秘書のYさんから最初に相談を受けたとき、シャワーとトイレ付きの特別ワゴンを手配したほうがよいのではないかと勧めたことがあった。相談役は、いまだ意気軒昂たりといえども、もはや若くはなかった。十二月には満七五歳になろうとしていた。お金さえかければ、いかようにも段取りできた。心配した日本の上司からも、さすがに骨身に応えるだろうからそうしたほうがいいぞ、とわざわざ電話でアドバイスされていた。ところが、秘書をつうじてそれを伝えると、当の本人から、もったいないからやめておけ、とにべもなく一蹴されて、あっさり取りさげてしまった経緯があったのだ。

やはり、あのとき事情をいちばんよく知るわたしの一存で、特別ワゴンをこっそり手配しておくべきではなかったか、という思いがわだかまった。

緯度のせいか、陽はまだ高い。北緯五〇度といえば、ちょうどサハリン島の真ん中ぐらいだ。ふたたび外へ出て身体をほぐしていると、まるまると太ったピロシキ売りのお婆さんがとおりかかった。すかさず呼びとめて、揚げたてのキャベツ入りとジャガイモ入りを三つずつ買う。

さっそく、三人でその場で頬張った。

「おっ、うまいなあ」

実感がこもっていた。きっと夫人のまえでは塩分の摂取をひかえさせられているのだろう。お婆さん手作りのピロシキはまだ温かく、ひまわり油で炒めた塩漬けキャベツの酸味もまた格別だった。ロシアの田舎ならではの家庭料理の味である。チップをはずんでお婆さんに渡す。わたしの気持ちもすっきりと晴れた。

午後九時三〇分、定刻どおり発車。それからふたたび食堂車へいき、ウォッカをすこし注文しておそい夕食をとった。

大陸に沈む夕陽

極東において、ロシアと中国をアムール河（中国名は黒竜江）のながい国境がへだてている。ノヴォシビルスク行き七号はその上流へ向かっていくつかの川を渡り、シンアンリン山脈（興安嶺）の北の端の山あいや平原の丘の裾野をぬうようにしてモンゴルの高原をめざす。アムール河を渡った対岸は中国東北地方の黒竜江省、いわゆる旧満洲である。

かつて日本は、この地域一帯でロシアと激しく覇権をあらそった。

すこし余談になる。「極東」、つまり「東の果て」という、わたしたち日本人には奇異にひびかざるをえない言葉の由来についてである。

この言葉には、西ヨーロッパ中心の世界観が濃い影を落としている。もともと西洋と東洋という区分は、地中海をかこむ一帯をひろく支配したローマ帝国が東西に分裂したことに端を発する。西のローマを中心とする西方がオクシデント（ラテン語で「西」の意）、東のローマ、すなわちビザンチンの東方がオリエント（おなじく「東」の意）と呼ばれるようになったという。

ちなみに、十三世紀に東ローマの国章となった「双頭の鷲」だが、これは西と東の双方に睨みをきかせる神聖ローマ皇帝の威光をあらわした。もっとも現実には、そのときには西の支配権を失ってすでに久しかったのではあるが。

その後十五世紀にロシアがその紋章を受けついだ。ビザンチン帝国がほろびると、イワン三世（大帝、在位一四六二―一五〇五）は最後の皇帝の姪ソフィアを妃に迎えるとともに、その国章を引き継いで自らツァーリ（皇帝）を名乗ることになるのである。かくして「双頭の鷲」はあらたにクレムリンの空にひるがえり、東のアジアと西のヨーロッパを睥睨（へいげい）するツァーリの支配と一体化した。つまり、ロシアがユーラシア国家であることを象徴している。

それはともかく、近代ヨーロッパがこの西方で発展したことはいうまでもない。十六世紀、西ヨーロッパの国々では航海術の進歩や帆船の大型化などをテコにして大航海時代の幕が開き、海を渡ってはるかな新世界の水平線をめざして漕ぎだした。そして、産業革命をへて近代資本主義が形成されるとともに世界的な統治が構想されると、ギリシャやトルコ、インドや中国へとつながる東方の非ヨーロッパ世界を戦略的に把握することが必要になった。そこで東方全体を、まず近東（ニアイースト）と極東（ファーイースト）に分け、さらにその中間を中東（ミドルイースト）として区分するようになったという。

つまり、そもそも「極東」という言葉には、西ヨーロッパの列強が東方のアジアを支配していくための覇権主義的な地理概念がひそんでいる。ヨーロッパの強国が、ひろく東アジアや日本をふくむ西太平洋の島々を指してこう呼んだということなのだろう。

十九世紀後半にヨーロッパ列強の仲間入りを果たした後進ロシアもまた例外ではなかった。ロシアは中国や朝鮮半島、さらには日本をも視野に入れた極東政策をおしすすめ、東アジアにおいてドイツ、イギリス、フランスなど西ヨーロッパの列強と競りあうようになる。そして十九世紀末、最後の皇帝ニコライ二世（在位一八九四―一九一七）下の蔵相セルゲイ・ウィッテは、モスクワからウラル山脈をこえてはるか東の太平洋へ出るための兵站線としてシベリア横断鉄道の建設にとりかかる。ウラジオストクを終着駅とするその長大な鉄道が開通したのは、ときあたかも日露戦争さなかの一九〇四年のことであった。

他方、これに対し、明治の日本で「極東」という用語がはじめてあらわれたのは一八七四年（明治七年）、翻訳者向けの『広益熟字典』（湯浅忠良編、片野東四郎出版）においてであったという。ヨーロッパからの流入語だったことはいうまでもない。そこに、「キョクトウ、ヒガシノハテ」と記された。維新後の開国によってはじめて西ヨーロッパ中心の国際社会に参入した日本は、自らを「極東の島国」として再認識させられることになったのだった。

明治日本は、海の向こうから押しよせるヨーロッパ諸国の経済力や技術力と、シベリア大陸から鉄路に乗っていっきに南下の機会をうかがう北の大国ロシアの脅威と対峙する。そして、アジアの海に浮かぶ小さな島国であることを自己認識として、維新後にくすぶる幾多の争乱をへながらもひたすら「坂の上の青空に輝く一朶(いちだ)の白い雲」(司馬遼太郎)だけを見つめて一途に国力をつけ、また対外的にも日清、日露のふたつの戦争に勝って近代国家の仲間入りを果たす。

思えば、日本は維新後わずか五〇年ほどの短期間で、欧米の列強と肩をならべる東アジアの帝国主義国家に成長した。そして、大陸の奥深くまで覇権をひろげ、満洲からシベリアへと干渉を深めていったのである。これについてはさまざまな評価があるだろうが、当時の国際情勢のなかでアジアの小さな列島国だった日本が独立を維持していくためには、この道以外になかったと考えるべきかもしれない。

列車はいま、アムール河畔の国境の街、ブラゴヴェシチェンスクから北へ数十キロほどはなれた原野のなかを走っていた。車窓からながめる地平線の彼方、アムール河を挟んで一キロ先の対岸には中国黒竜江省の黒河(ヘイホー)の都邑(とゆう)があるはずだ。

維新後、西日本を中心にさまざまな市井の日本人が新天地をもとめて大陸へ渡った。このあたりにも数多くの日本人が住み、さまざまな事業や商業がにぎやかに営まれていたという。極東における日本人街の歴史は、殖産興業と富国強兵、対外膨張政策に裏打ちされた明治、大正から昭和にかけての日本の近代化の足跡とそのままかさなる。ロシア極東は、わたしたちの脳裏にそういう時代における日本人の歩みと、かつて「外地」と呼ばれた大地の記憶を呼びさまさずにはおかない。

話題はひとしきり、日露戦争でコサック騎兵をやぶった秋山好古や、日本海海戦、シベリア出兵のことになった。

おおきな夕陽が草原の丘を紅くそめる。

「大陸でみる夕陽は大きいなあ……」

相談役が陶然として、ひとりごとのように言った。ウォッカの酔いがほどよくまわって心地よい。夕陽は車窓越しにわたしたち三人をも照らし、まるで天地のすべてが紅く染まるようだった。

相談役は窓の外を見ていた。そして、今度はなにかを思い出したようにボソッと言った。

「ノモンハンはダラ敗けだったらしいな……。ツジ（元関東軍参謀、辻政信）は最悪の軍人だったらしいなあ。世界のことなんかなにもわかっていなかったですよ」

一九三九年五月から九月にかけて、日本とソ連はそれぞれの傀儡（かいらい）国家だった満洲国とモンゴルの国境をめぐってホロンバイル草原で激戦を繰りひろげた。ジューコフ将軍の指揮のもと、最新鋭の戦車、重砲、戦闘機をつぎつぎに投入してくるソ連軍に対して、日本軍は銃剣と肉体だけの白兵攻撃で応戦した。結果は惨憺たるものだった。わずか四ヵ月の戦いで、日本側一万八〇〇〇人、ロシア側二万人以上もの兵士が犠牲になったという。

この戦いが、ソ連軍についての正確な情報にもとづく作戦ではなく、関東軍による現場の独走だったことは、いまでは多くの書物や資料によって明らかにされている。だがしかし、日本陸軍にとってはじめてとなったこの本格的な近代戦における敗北は、当時つとめて伏せられた。関東軍参謀としてこの戦いをひきいた辻政信らの責任は不問にされ、日本はその後、ノモンハンでの貴い経験を生かすことなく太平洋戦争へ突入していくのだった。

「所詮、精神力と掛け声だけで科学の力に勝てっこないですよ」

この教訓を、わたしたち日本人はその後、さらに大きな犠牲をはらって学ぶことになる。

「セジマリュウゾウはソ連のスパイだったらしいですね?」

「……」

気がつくと、相談役がコックリと首を垂れた。

列車は草原に濃い影をひいて走りつづける。

サリャンカ(トマト風味の酸味のきいた野菜スープ)を三つ、サーモンのオイル焼きマッシュポテト添えを三つ、それとデザートにクリームのかかったパイナップル(缶詰)をひとつ、ビール一本とウォッカを二〇〇グラム。みな残さずに食べる。

食堂車には、わたしたち以外に客はふたりしかいなかった。差しだされた請求書の番号は三九〇七。昼食のときのそれが三九〇一だったことから察するに、この間に客はわたしたちを入れても六組のみ。乗客の大半は黒パン(ロシア人が主食として好むライ麦パンで、日本人にとっての白米のご飯に相当)やリンゴ(民謡「カチューシャ」にも唄われるロシアの国民的な果物のひとつ）を持ちこんで、途中の停車場でチーズやサラミを買って黒パンに挟んで食べたりするらしい。ときどき、サンドイッチや飲み物の籠をさげた車内販売のお姐さんが通ったが、これもあまり売れていないようだった。そういえばモスクワを発つまえに、売れ残りのサンドイッチは腐っていることもあるので買わないようにと、総務マネージャーのユリアから注意されていたことを思い出す。

コンパートメントには日没とともに蛍光灯がともった。けれども、一一時半になると電源が切られてしまい、枕もとにある小さな豆電球ひとつになった。本を読むには暗い。シーツと毛布をかぶって横になると適度なヨコ揺れが眠りをさそう。時折、〝ギギギー〟と、金属どうしが重く擦れあうような音がしたかと思うと、名も知れない駅に着く。白熱灯が人影のないホームを照らしていた。その一角だけが闇のなかに幻想的に円く浮かんでみえた。〝ピーッ〟……。やがて、汽笛を鳴らしてふたたび静かにすべりだす。わたしは真っ暗な夜の向こうに満洲の原野を想像した。

一夜明けて

九月九日、日曜日。

明け方、〝ガッタン〟という大きな音とともに列車が激しく揺れて目が覚めたが、すぐにまた寝入ってしまったらしい。デッキへ出てみると、相談役はすでに洗面をすませたようだった。トイレが汚れていたのではないかと案じたが、なんと車掌専用のきれいな洗面所を使ったのだと、ボディーガードのジーマが教えてくれた。

トイレは各車両の連結部のそばにあった。タレ流し式だった。ペダルを踏むと便器の底が丸くポッカリと開き、洗浄水が線路の小石のうえへ飛び散っていくのが見える。どことなくのどかで開放感があった。が、朝ともなると汚れて臭く、おまけに洗面台は猫の額ほどに小さくて窮屈だった。他方、これとは別に前日、食堂車の手まえでハンディシャワー付きの小ぎれいな洗面台とトイレを見かけた。どうやら相談役はめざとくもそれをチェックしていたものとみえる。

「きれいなトイレだった。消臭スプレーもあったぞ」

と、いかにもさっぱりとした顔で上機嫌に言うのである。

ふたり並んで、しばし車窓の景色に見入る。

夜のあいだにすっかり山あいに入ってきたようだった。遠くのほうにアムール河の支流らしき流れが見えた。川霧が白く立ちのぼって、水面をゆっくりすべるように這(は)っていく。

車掌のナターシャがやってきて、お茶はいらないかと訊く。すでに朝の化粧もすませたらしく、紅いルージュがあざやかだった。熱い紅茶をすするとひと心地がついた。ナターシャは、こうしてひととおり乗客にお茶を配り終えると、今度はデッキの赤い絨毯に甲斐甲斐しくも掃除機をかけはじめるのだった。

すると、ジーマがわたしの耳もとでささやいた。

「ナターシャには、ゲストのことを日本の経済マフィアのボスだとつたえてある」

思わず吹きだしそうになってふりかえると、飄々として少し猫背のうしろ姿がコンパートメントのなかへ消えようとしていた。ナターシャはトイレ掃除に移っていた。

ほどなく、朝のエロフェイ・パーヴロヴィッチ駅に着いた。

ナターシャに手招きされて外へ出た。標高が上がっているせいか、吐く息が白い。野辺にはうっすら霜もおりている。キオスクのまえに群がってあわただしく朝の買い物をすませる乗客たち。駅舎のまわりに鄙びた集落がまばらにひろがっている。通りで若い男がふたり、朝から摑みあって喧嘩をしていた。

相談役は体操に余念がなかった。

「いかがでしたか、昨夜はよく眠れましたか?」

「結構揺れたな。朝方、転がり落ちそうになって目が覚めたわ」

「ああ、やはりそうでしたか」

すわ、脱線でもしたかと、わたしも思わず目が覚めた。

「ベッドの背もたれがドサッと音を立てて落ちよったわ」

「あとで直しましょう」

「……」、どちらでもいいという顔。

「ナンキンムシはいませんでしたか?」

「そりゃ、おりゃせんわ」

わたしたち三人は屈託なく笑った。

山々が駅舎のすぐそばまで迫っていた。やがて、向こうの山端のかげから貨物列車が現れて、コンテナをのせた貨車を数珠のようにながくつらねて眼のまえを過ぎていった。いつまでも終わらなかった。貨物列車を見送ってから、三人で深呼吸をした。空は青くて深く、かぎりなく高く澄んでいた。透明で、ひんやりとした空気が新鮮でとても気持ちがよかった。

その後、食堂車にてブランチ。野菜サラダとスープ、パンとバター、それに紅茶。ウェートレスのお姐さんがピロシキはどうかとすすめるので三つ注文した。

「ビールを一本」

つい口がすべった。

相談役が、朝っぱらからなんだ、という顔で、目尻をさげて相好をくずす。

ふたたび地図をひろげて現在地をたしかめる。わたしたちは、中国国境からほど近い、シンアンリン山脈の北の山あいまで来ていた。まもなく中間地点だ。

「なんの変哲もない景色ばかりで退屈すると聞いていたがとんでもない。山あり川ありでまったくちがいますよ。物流調査の連中はなにを見てきたのかなあ。北海道なんかよりもずっときれいですよ」

相談役が軽快に言う。

内陸へ入るにつれて冷えこむためか、沿線の白樺林はすでに黄色く色づいていた。遠くに見える山々もすすむほどに美しさを増していく。こうしてタイガの原生林の山裾にそって、またときには清流沿いに大きくカーブを繰りかえしながら、ノヴォシビルスク行き七号は一六両の客車をつらねて走りつづける。後方に眼をやると、まるで大蛇がながい尻尾をくねらせて這っているかのように見えた。

食堂車のピロシキは、ジャガイモ入りの蒸し饅頭のようで味気なかった。

「きのうの揚げパンのほうがうまかったな」

ピロシキは年季の入ったおばさんが油で揚げたものにかぎる。

やがて、白樺の林がトドマツのそれにかわる。車窓の景色をながめているだけでいつまでも厭きない。小箱のような民家が、なだらかな丘にへばりつくようにして建っている。

昼まえごろ、シベリアのアマザル駅で停車した。山あいにひっそりと隠れて浮かぶ孤島のような駅だった。

高原に咲くコスモス

列車は、遠くにモンゴルの草原をのぞむなだらかな丘に沿って走っていた。

午後七時すぎ、チェルヌイシェフスク・ザバイカリスキー駅についた。のんびりとして、のどかな停車場だった。古びた駅舎のまえにニコライ・チェルヌイシェフスキー（一八二八―一八八九）の銅像がさびしく立っている。小説『何をなすべきか』を遺したナロードニキ運動の思想家で、シベリアに送られて晩年を過ごしたという。いかにも最果ての辺境の地までやってきたという気がした。

停車場を囲んで、古びた民家が身を寄せあうように小さな村があった。時計の針が止まったように、物音ひとつ聞えず、景色にうごきというものがない。まるでタイムマシンで遠い昔にもどったかのようだった。標高が上がっているはずなのに、大気は意外にも暖かい。例によって、皆で思い思いにゆっくりと身体をほぐす。

そのときだった。不意に相談役が遠くを見てなにかをつぶやいたのは。

「コスモスだな……」

「……?」

声にうながされて視線のさきへ眼を向けると、たしかに線路をへだてたさきのひと気のない広場のかたすみに、それらしき薄紫の花が咲いているではないか。

コスモスが風に揺れていた。いかにも高原の秋だった。三人でそばまで歩みより、ふたたびしばし腕をまわしたり身体を伸ばしたり。清らかな花をながめていると、なんだか懐かしいような気持ちになる。

すると、相談役が今度はなにかを指さしていった。

「Y君、ムシを写真に撮っといてくれんか」

「えっ?　ムシですか?」

いったいなにを見つけたというのだろう。わたしは耳を疑う思いでYさんのほうに眼をやった。

「相談役、ミツバチですよ。ミツバチがいます」

弾むような、いくらか甲高い声でそう言いながら、Yさんが小さなムシにカメラを向ける。

カシッ、とたしかな音がした。

「相談役、お撮りしました」

それを聞いて、相談役はいかにも満足そうに眼を細めた。そして、Yさんの差しだすデジタルカメラの画像を覗(のぞ)きこんで、うまく撮れていることをたしかめながら、微笑ましげになにやらつぶやいているのだった。

わたしは、遠い昔の不思議な光景を見ているような気がした。少年のようなひとなのだ、とも思った。コスモスがゆれる野辺は日本の里山を思い起こさせた。このひとはきっとコスモスの咲く、なんでもない自然の風景がお気に入りなのだろう。ところが偶然にも、旅さきの極東の高原でその景色に出会った。しかも、花びらのかげに隠れるように、小さなミツバチがとまって蜜を吸っているではないか。それを見つけて、なんと写真に撮ってくれと秘書にせがむのである。

ジーマがわたしのそばへ来て、なにかめずらしいものでも見つけたのか？　という顔をする。

「この花には、純真とか真心とかいう意味があるのだ」

わたしが意味ありげにそう言うと、彼はなんとなくわかったような、わからないような顔をした。

あるいは、好奇心がつよい、ということなのかもしれない。

旅の途中、あるとき相談役がわたしのコンパートメントを覗きこんで、

「君のとこにあるあれはなんだ？」

と、ボソッと訊く。どうやらサモワールが気になっていたらしい。ロシアの家庭で古くから使う金属製の電気湯沸かし器だ。道中、お湯が手に入らないときのことを考えて、モスクワからわざわざ持ちこんだものだった。蓋をあけると、なかに太い熱線がむき出しのままとぐろを巻いている。

「そうか……」

と、納得した様子だった。さすがに、これを写真に撮ってくれ、とは言わなかったが。

ところで、そのときまでに、わたしは相談役が俗にいう名所・旧跡のたぐいにほとんど興味がないらしいことをうすうす知っていた。

モスクワへ赴任するまえの二〇〇三年九月、当時まだ会長だったそのひとを日本からはじめてロシアへ案内したときのことだった。社有機で東京からまっすぐニジニーノヴゴロドへ飛んでGAZを視察し、つぎにモスクワへ移動して、最後にサンクトペテルブルクへ立ち寄ってトヨタのディーラーを訪問した。

サンクトペテルブルクといえば、なにはさておき、まずはエルミタージュ美術館だ。わたしの前任者が心をくだいてわざわざ日本語ガイドまで用意し、ながい行列に並んで待たなくてすむようにとVIP待遇の入館まで特別にアレンジしてくれていた。

ところが、ネバ河に面したお目当ての美術館の玄関まえへ着いても、車から降りるそぶりをいっこうに見せないのである。そのかわり、車の窓をおもむろにあけると建物の外観を一瞥（いちべつ）した。そして、これがそうか、わかった、降りんでいいぞ、とボソッと言うと、それで終わりなた。

のであった。それならば、と駐在員が気をまわして、つぎに「血の上の救世主教会」の別名で知られるハリストス復活大聖堂へ向かった。だが、ここでもまったくおなじことだった。おもむろに窓をあけ、車のなかから外観を一瞥すると、それで「わかった」のである。そして、観光になどうつつをぬかす時間があるのなら、という浮かない顔で、ホテルへ行って休む、とひと言。

結局、そのひとにとっては、世界有数といわれる見事な印象派の絵画コレクションも、無数のトパーズで色鮮やかに飾られた世界遺産の教会堂も、所詮その程度のものなのであった。もっとも帰国後、そのひとがエルミタージュ美術館へ行ったらしいという噂がひろまると、幹部たちのエルミタージュ詣でがはじまることになるのだったが。

「旗」への思い

意外なものへの興味について、わたしには思い出すことがある。

それは、「旗」にまつわるできごとだ。

相談役は、「旗」に特別の思い入れがあるようだった。まえにもふれたが、二〇〇六年の春さきにモスクワで日ロ賢人会議があった。モスクワを発つ間際、空港で搭乗する直前になって思い出したように、あの絵を買っといてくれんか、と例によってボソッと言い残したのである。会場の壁で見かけた絵のことらしいのだが、どんな絵か、詳しくは言わなかった。エルミタージュの一件以来、絵画にはまるで興味のない御仁だと思っていたので意外だった。

そこで、空港からオフィスへもどる途中、会場として使われた政府の迎賓館へまわってみることにした。

それは、モスクワ環状自動車道路（ＭＫＡＤ）の西の外の雑木林のなかにある、貴族の館風の古くて大きな建物だった。階段を上がったホールの壁に、帝政ロシア時代のヨーロッパの戦争を描いたとおぼしきシリーズ物の小ぶりの細密画が数枚、横一列にかかっていた。そのうちのなん枚かに、なかば破れかけた軍旗を高くひるがえして颯爽と馬に跨るロシア人将校の勇姿が描かれていた。

旗は印であり、意志である。これだ、とわたしは確信した。

画家の署名をさがすと、イーゴリ・ドゥズィシとある。が、ロシア文字とは微妙にちがう。どうやらウクライナの画家らしかった。知人に調べさせたところ、いまは南の黒海のほとりのクリミアで暮らすが、すでに十数年もまえに筆を折ったという。ソ連政府おかかえの、いわゆる軍記物の画家だった。迎賓館の壁にかかっていたのは、二〇代のころに国防省から依頼されて描いたシリーズ物のエッチングらしいということまでわかった。政府の所蔵品だったとは知る由もない。やむなく、わたしは購入をあきらめざるをえなかった。

そのかわり、ヤルタで隠遁していたその画家を夏にモスクワへ招いた。そして、イーゴリが手もとに残してあったという一〇枚ほどの習作を、文字どおり十把一からげにしてその場で買いあげた。壁にかかっていたものよりはサイズが少し大きく、また描かれている光景も異なってはいたけれど、作品の雰囲気は似ていた。

その年の秋、日本へ一時帰国した折に、わたしはそのうちの二枚を選んで額に収め、それぞれを朱色と紫色のシルク布でつつんで相談役の執務室へ持参した。額に入れると見栄えがした。相談役は、半年まえの絵のことなどすっかり忘れていたのか、最初はつややかなシルクの包みを見て、なんだ、それは……？　という怪訝そうな顔をしたが、すぐに、どうやって手に入れたんだ、と言いながら、相好をくずして喜んでくれた。

後日、秘書をつうじて高価なダチョウ皮の手袋をお返しに頂戴した。銀座「和光」の製品証明のカードが添えられていた。以来、冬のロシアで、わたしはいつもこの手袋をお守りのようにして大切に愛用した。むろん、このみじかいシベリアの旅のあいだもジャンパーのポケットに入れていた。絵のほうはちなみに、一〇枚まとめていくらに値切ったか、いまとなってはさだかでない。わたしのポケットマネーで買えるほどの額だったことを付記しておこう。

旅の紀行に筆をもどしたい。

「君の鼾はすごいな」

そろそろワゴンへもどろうかと歩きかけたとき、相談役がニヤニヤしながらわたしに話しかけた。夕食に誘おうとしてコンパートメントを覗いたが、気持ちよさそうに眠っていたのであきらめたのだとも。どうやら、恥ずかしいところを見られてしまったようだ。

食堂車には、例によってわたしたち以外に客はいなかった。

草原にはひとの手が入っているのか、車の轍が近くにひとつ、かなたにまたひとつと残っていた。牧畜用に刈り取ったのだろうか。時折、干草を積みあげた小山のようなかたまりもちらほら見える。遠い丘の稜線に牛らしき小さな影がふたつ。放牧というにはあまりに広大だ。かなたには、大小の山々を背景にして、タイガの疎林となだらかな丘陵地帯が幾重にもかさなって果てしなくつらなる。

「君たちも、ここへダーチャでも建てたらどうだ」

相談役が車窓の景色を見遣りながら言った。ダーチャとは、週末を郊外でのんびり過ごすための別荘風のセカンドハウスのこと。概してロシア人は大きな自然に包まれてくつろぐことを好む。わたしのまわりにも、週末ごとに田舎へ行ってダーチャで過ごす友人が多くいた。

「ここらまで来りゃ土地なんか無限にあるぞ。日本のゼネコンも、いつまでもおなじところをなん度も掘りかえすことはやめてシベリアへ来たほうがいい。そうすりゃ、ビジネスなんか無限にひろがりますよ」

ボソボソとして声は細い。けれども、こうしてなんでもなく口をついて出るひと言にもスケール感があふれていた。

わたしが、そういえば……、と前置きして、二、三年まえにロンドンのIR（インベスターズ・リレーションの略。上場企業が投資家に向けて経営状況、財務状況、業績見通しなどの情報を発信するための活動）で、そのひとが投資会社の質問に答えて、「自動車の販売はまだまだ伸びる。世界には未開拓な市場がたくさんある。トヨタとしては、お客様さえいれば、ヒマラヤの山奥まで販売サービス網をひろげることだって考えられる……」と放言して（ご当人としては、あ

たりまえのことをまじめに語ったものと思われる）、後日、社内で物議をかもしたことにふれると、

「ＩＲなんてものはホラを吹いときゃいいですよ、そういうもんですよ」

と、なに食わぬ様子でサラリと言ってのけるのである。

多分、このひとは人間の欲望が渦を巻く市場というものを達観している。あるいは、投資家の口をついて出る美辞や大義などいささかも信用していないのだろう。わたしはそう思うのだった。

相談役には修羅場の経験があった。

わたしがまだトヨタへ転職するまえ、バブル下の一九八〇年代に関連会社の株が仕手筋の買い占めにあったことがある。ねらいはトヨタによる高値での買い戻しだった。これに「三河の田舎ザムライ」がどう出るか。巷（ちまた）では鵜の目鷹の目の注目があつまった。やがて闇の仕手集団にかわって、乗っ取り屋として世界的に知られたアメリカ人投資家のブーン・ピケンズが乗りだして、本丸のトヨタと真っ向から対峙した。いきおい大蔵省（当時）と銀行、証券界を巻きこむ政治がらみの攻防になった。

けれども、トヨタは弱気を厳に封じて、一歩たりともひかなかった。このとき、トヨタ側で豊田英二会長、豊田章一郎社長のもとで番頭として陣頭指揮をとったのが、財務担当専務時代のそのひとだった。最後はピケンズのほうが降参して、同時に日本のバブルそのものもはじけて手仕舞いとなる。トヨタは旗を守りきった。トヨタに奥田碩あり。そのひとの名を世に知らしめるできごとだったように思う。

相談役はボルシチとビーフカツレツ（ロシア料理では挽肉ボールをカツレツという。要するにハンバーグのこと）、Yさんがサリャンカ（前日とちがってハム入りだった）とチキンのシャシュリク、わたしがウハー（魚のスープ。サーモンの切り身が入っていた）とポークソテー。相談役のリクエストで、サラダのかわりにシャーベットを注文したがなかった。アイスクリームもない。仕方なく、前日食べたパイナップルの缶詰をとって三人で仲良くつまんだ。

食堂車での食事はこれで四回目。かわり映えのしないメニューに飽きてくる。けれども、相談役は文句も言わず、出された物を残さず食べる。ついでにいうと、この旅行中、食事のことで不満をもらしたことは一度もなかった。

ターミナル駅の賑わい

九月十日、月曜日。シャワーなしでふた晩をすごした。

朝の洗面からもどった相談役におしぼりを用意して差しだす。

「あったかいじゃないか。どうしたんだ？」

と、おだやかな表情をくずして笑みがこぼれる。

柄でもないことをした。モスクワから洗面器を持参し、お湯をためて用意したのだと応じながら、我ながら少し照れくさくなって思わず笑みをかえす。

「そうか、君が考えたのか？」

「ご想像におまかせします」

家内の発案だったが、それは黙っていた。

食堂車は午後にならないとあかないというので、Yさんが、日本から持ちこんだインスタントのカップうどんをすすめる。

しばらくすると、

「はじめて食ったけど、案外うまいもんだなあ」

と、陽気に言いながら、コンパートメントから出てきた。少々塩分はきついが、日本人の疲れた胃にはやさしくなじむ。鰹だしのうま味のきいたスープのせいでひと心地がついたようだった。

しばしデッキに立って、雄大なシベリアの自然に見入る。際限のない草原の丘、遠くにひろがるタイガの原生林と大小の山々。水色の空に、白い雲がうすく、横にながくたなびいていた。時折、線路沿いに小さな集落が点々とまばらにつづく。どれも古くて朽ち落ちそうな家々にまじって、いくらか新しい二階建ての家屋もあった。家々のまわりに木の柵で囲われた家庭菜園。はるか遠くの丘の中腹に馬や羊らしき影がいくつか見える。

「一〇年もすりゃ、ここらもすっかり変わるぞ」

そう言い残すと、ふたたびコンパートメントのなかへ消えた。

やがて、前方に街の影がぼんやりと見えてきた。ウランウデの街並みらしい。密集して並ぶ建物越しに、タワークレーンがいくつか、キリンが首を伸ばしたように高くそびえている。市街地が近づくと、右ハンドルの日本の中古車が通りを行き交っていた。経済が動いているという活気がつたわってくる。二日まえにハバロフスクを出発して以来はじめて眼にする光景だ。

携帯電話が通じたようだ。Yさんが相談役の指示を受けてどこかへ連絡を取っている。時計の針が二時間遅くなり、日本との時差は一時間（ハバロフスクは日本より一時間早い）。相手が応答するのをたしかめてから、相談役に端末器をわたす。コンパートメントのなかから聞き覚えのある財界人の名前がもれてくる。にわかに日常に連れもどされた気がした。

午前一〇時、ウランウデ駅に到着。ボディーガードのジーマがさきに降りてあたりを一瞥。三人そろって待ちかまえたように外へ出る。

広いプラットホームにはアジアの雰囲気が漂っていた。ここをターミナル駅として、南へモンゴルのウランバートルをへて一路、北京へつながる国際鉄道がとおっている。ロシア人や中国人、モンゴル人の旅行者にまじって、明らかにモンゴロイドとわかる地元のブリヤート人や、トゥーヴァやハカシヤなど、シベリアのアルタイ山麓に暮らす彫りの深い顔をしたトルコ系のひとたちが、大きな旅行カバンやズダ袋を提げてのんびりと行き交う。丸い縁なし帽やハンチングをかぶった浅黒い顔のおじさんたち。プラトーク（ロシアの女性が頭や肩にかけるショール）をまとったお婆さんの姿も。多民族国家ならではのエキゾチックな風情である。

「大きい駅だな。トヨタの販売店はあるのか？」

相談役が腕を左右にゆっくりまわしながら訊く。

まだこのエリアまで手がとどいていなかった。

荷物車をひいた駅のポーターが、わたしたちのほうを見遣りながら車掌のナターシャになにやら話しかけている。どこの国の客人か？　とでも訊いているのだろう。駅舎の一角に、ひとびとがつぎつぎと吸いこまれていく。傍にペンキで〝ピロシキ〟と書かれている。わたしも後についてなかへ入り、ソーセージ入りの揚げパンとゆで卵を買いこんだ。

一〇号車のまえでジーマが手招きしてわたしを呼んでいる。相談役がアイスクリーム売りを見つけたらしい。食事のたびにシャーベットやアイスクリームはないかと訊いていた。ロシアのアイスクリーム（ソフトクリームタイプのもの）は素朴なミルクの味がしてうまい。日本を発つまえに、誰かにすすめられたのかもしれない。

いつのまにか、ナターシャが平べったいパンをかかえている。勤務あけを待つ家族のために買って帰るのだろう。相談役が満足そうにアイスクリームを舐めながら、あれはなんだと指さすと、ポーターのおじさんがひと切れちぎって差しだした。

「モンゴルのパンか……」

とつぶやいて、いかにもめずらしそうに頬張るのだった。

一〇時二〇分、定刻どおり発車。ふたたび大自然。タイガのなかを抜けていく。

わたしたちのみじかい旅も終わりに近づいていた。つぎはいよいよイルクーツク。地元ディーラーのオーナーが出迎えにきてくれているはずである。少し早いとは思ったが、わたしはワイシャツに着がえてネクタイをしめた。

午後二時をまわったころ、相談役に声をかけて食事に誘う。だからといって、とくに目当てのメニューがあるわけでもないのだが。

食堂車へ移動しながら、相談役が髪にそっと手をやった。Yさんがそれを見て、すかさず日本から持参した「水の要らないシャンプー」を差しだすと、

「なんだぁそりゃ……？　頭なんか一週間洗わなくても平気ですよ。昔、アメリカへ出張したときは二週間ぐらいシャワーなしで平気だったぞ」

と言いながら、給湯器のまえで思いついたようにハタと足を止める。そして、手に持っていたおしぼりタオル（先刻、わたしから受け取ったものだ）をかるくお湯で湿らせると、襟足を二、三回だけ撫でるような仕草をした。それでいいのだ、とでも言いたかったようだ。ワイシャツの襟に水が滲みていた。

「みすぼらしい身なりをしとったのにどうしたんだ」

テーブルにつくなり、わたしの顔をまじまじと見ながらそう言って笑う。ハバロフスクからずっと、否、正しくいえばモスクワを発ったときからずっと、わたしはブルージーンズに長袖のポロシャツ姿で過ごしてきた。そういえば、二日まえに朝のハバロフスク空港で出迎えたとき、わたしの姿をみとめるなり、どこのウマの骨かと思ったぞ、と胴間声でどやされたことを思い出す。ジーンズの膝にはほころびがあり、縒れた白いポロシャツの胸もとにはスープのシミが二、三滴ついていた。そのうえ、出迎えたときには真っ赤なスキージャンパーを羽織っていたのだ。とても相談役を迎えるトヨタの駐在員には見えなかっただろう。

ちなみに相談役はウールのズボン、白いワイシャツ（もちろん、おろしたてで襟もとがパリッとしている）のうえに上品なカシミアの丸首セーター。Yさんも、ほぼ似たようなカジュアル

なビジネスマン調だった。

なにを注文しようか……？　結局、相談役がボルシチ、Yさんとわたしがサリャンカに落ちつく。ほかに食べたいものが思いつかない。仕方なく、紅茶を三つ頼んだ。

その後、バイカル湖を見た。

なだらかな草原の丘をくだったかなたに忽然と水平線が光って見えたとき、どこからともなく感嘆の声があがった。

「オーゼロ（湖）！」

「バイカール！」

なにごとかと、相談役もデッキへ出て遠くを見た。

真珠のような海だった。

「……バイカル湖か、きれいだなあ。リゾートホテルをつくったら日本から観光客が押しよせるぞ」

けれど、それ以上に興味はないらしく、「わかった」という顔でコンパートメントへ消えるのだった。

旅の終わりに

夕方、相談役はイルクーツク空港で待機していた社有機のシートに落ちついた。

バイカル湖はまるで海のようにひろかった。白く光る、透明な海だった。列車が湖上にかかる鉄路をすすむとき、清く透きとおった水底に小石が遠い沖合まで透けて見えた。空は藍をのべたように青く澄みきっていた。湖の東岸は岬が幾重にもかさなって、かなたにそびえる峻険なタイガの山襞(やまひだ)の奥へとかすんでいた。また、西岸にはのどかに光を浴びる村々があり、ペンション風の建物らしき影もいくつか見えた。はるか遠い沖合に、釣り船が一艘浮かんでいた。

その後はバイカル湖から流れおちるアンガラ河の壮大なパノラマを眼下に見ながら(これがまた湖のように大きかった)、ときにトンネルに入ってタイガのなかの峡谷をゆっくりのぼり、またときに材木工場の脇をくだってさらにすすみ、午後六時一〇分、定刻よりも五〇分ほど遅れてイルクーック駅に到着。そして、夏がもどったような陽気のなかを空港へ移動したのだった。

革張りのシートにすわると、くつろいだ気分になった。

「いかがですか。やはり会社のジェット機は落ちつきますすね」

と、相談役に話しかけてみる。すると、

「シベリア鉄道だって快適だったぞ」

と、気色ばんだ様子で応じたあと、少し間をおいて、

「だけど、あの歌とはちがったなあ……」

と、思い出したように付けくわえた。きっとiPodで聴いていたのだろう。

「つくった本人は乗ったのか?」

はて……?　わたしもそこまでは知らなかった。

「それにしても、トイレは臭かったですね。以前は朝になると床や便器の汚れがひどかったし、おまけにハエや蚊もいたので、ゴム草履とフマキラーが欠かせなかったものです」

わたしが話題を変えて、そう言うと、

「そうか、新幹線のトイレだって臭いぞ……」

と応じ、ひとしきり持論をぶつのだった。気がつくと、スーとかるい寝息をたてていた。

その夜は、シベリアの中心都市ノヴォシビルスクでいったん降りて骨を休めた。

翌九月十一日、火曜日。相談役は地元のノヴォシビルスクをはじめ、イルクーツク、クラスノヤルスク、ケメロヴォ、ノヴォクズネツク、バルナウルなどシベリア各地からあつまったディーラーのオーナーやマネージャーたち二〇人あまりと懇談し、日ごろの尽力をねぎらった。

さて昼過ぎ、ノヴォシビルスク空港を発つ直前、VIP用の出発ロビーでのこと。

ふとみると、相談役がホールの壁の一角を指さしているではないか。

「あれはなんの旗だ？」

まぎれもなく、ロシアの国章だった。中央に、ふたつの頭で左右に鋭く睨みをきかせる鷲が描かれている。

「クレムリンの空にひるがえる双頭の鷲、ロシア連邦の国章です」

二〇〇六年春、会長退任を発表する記者会見で、そのひとが創業家についての質問に答えて、つぎのように語ったことはつとに知られている。

「国にかぎらず、組織には求心力を保つための旗が必要です。トヨタにおいて豊田家は旗であり、われわれはこれからもこの旗を掲げて守りつづける所存です」

旗を掲げ、それを支えて皆で守る。そのひとの揺るぎない信念だったと思う。

「Y君、写真に撮ったか？」

カシッ、と音がした。

そして、今度はわたしのほうを見て、

「君の会社にもかけてあるのか？」

と、ボソッと訊いた。


シベリア鉄道の旅からもどった三ヵ月後。

二〇〇七年十二月、機体が高度を下げてサンクトペテルブルク郊外のプルコヴォ国際空港に近づくと、眼下にあざやかな赤い楕円のブランドマークが見えてきた。敷地面積二二〇ヘクタール、年間生産能力五万台、溶接、塗装、組立ての三つのラインを備えた新工場の屋根だった。

暮れもおしつまった十二月二十一日、トヨタのロシア工場は予定どおり竣工し、プーチン大統領を招いてロシア製トヨタ「カムリ」第一号のラインオフを記念するセレモニーがとりおこなわれた。日本の本社から渡辺捷昭社長（当時）、海外担当の副社長（鬼軍曹である）、生産担当の専務、またトヨタヨーロッパからA社長らも出席した。

そしてその日、ホストタウンのサンクトペテルブルク市を代表してマトヴィエンコ市長が祝辞を披露するかたわらで、ひな壇にならんで気持ちよさそうにうつらうつら船を漕ぐそのひとの姿があったことは、あらためて記すまでもあるまい。スチール製の折りたたみ椅子のうえで、誰はばかることなく首をコックリとまえに垂れていた。

その年、トヨタはGMを抜いて世界一の自動車メーカーになろうとしていた。

第四章　リーマンショック、その後

竣工式前日の新社屋
正面に立つ３本の旗が掲揚のときを待つ。
雪がやんで、空と雲が茜色に染まっていた。
（2008年11月、撮影：TEAM IWAKIRI）

二〇〇八年夏

イルクーツク行きのアエロフロート機は、シェレメチェヴォ空港一九時〇五分発の夜行便だった。

午前一時すぎ、高度を下げるという機内アナウンスで目が覚めた。ところが、それからしばらくして降りたのは、めざすイルクーツクではなく、そこから北へ五〇〇キロほど離れたブラーツクの空港だった。バイカル湖から流れるアンガラ河で濃い霧が発生したらしい。モスクワとの時差が五時間もあって（なんと夏時間では日本とおなじなのである）、いったん機外へ出ると、外はすでに陽がななめに昇り、朝の七時を過ぎている。滑走路のはずれのベンチに腰をおろして、ぼんやりした頭で霧が晴れるのを待った。

四時間後、飛行機はふたたびイルクーツクをめざして飛びたった。

二〇〇八年七月二十二日。トヨタ・ディーラーのオープニングは予定よりおおはばに遅れて夕方四時すぎからはじまった。前年秋に相談役をシベリア鉄道のホームで出迎えてくれたオーナーが、仮店舗にかわる本格的な店舗を完成させたのだった。地元の知事や市長をはじめ、おおぜいの来賓やカスタマー、オーナーの友人たちが晴れの門出を祝福するためにあつまってくれた。

その夜のパーティーは、バイカル湖に浮かぶクルーザーにところを移しておこなわれた。湖上に吹く冷たい風を受けながら、ウォッカといっしょに頬張った特産の淡水魚〝オームリ〟の塩焼きの味が忘れがたい。

わたしはモスクワで五度目の夏を迎えていた。

このころになると、二〇〇四年に着任してからあらたに認定した販売サービス拠点が、花のつぼみがほころぶようにつぎつぎにオープンしはじめた。トヨタブランドの第四二号拠点となるイルクーツクにつづいて、おなじ月の三十一日にはウドムルト共和国のイジェフスク（かの自動小銃「カラシニコフ」を生産する機械工場で知られる）で第四三号拠点がオープンした。八月に入ると、八日にウラル地方のチェリャビンスクでレクサスブランドの第一三号拠点がオープンした。広大なロシアの東や西、北や南の各地で、ほとんど毎月のようにオープニングが相次いだ。

また、この間には出向者の顔ぶれも入れかわった。すでに前年の三月にサポートグループ担当の役員だったアンジェイが出身もとの商社へもどり、またその年の七月には、オペレーションを担当する副社長のアンディが四年間の任期を終えて古巣のトヨタヨーロッパへ帰ることも決まっていた。アンジェイはマルチリンガルの多彩な情報源でわたしを支えてくれたし、アンディは、ロシアで実践経験を積んでひとまわりもふたまわりも大きくなってベルギーの統括会社へ帰任した。苦労をともにした盟友であり、ふたりともがかけがえのない右腕だった。離任するときには、はじめて出会ったころにくらべると額がいくらか前へせりだしていて、歳月の経過を感じさせた。

ふたりにかわって、日本とヨーロッパの両本社から後任の出向者があらたにチームに加わった。業容の拡大を受けて、出向者の数もひとりふたりと増員された。研修と応援をかねて若いトレーニーも送りこまれた。モスクワからフィールドマンを英国トヨタへ派遣するなど、トヨタヨーロッパとの人材交流もはじまった。多くの若いロシア人スタッフも入社して、ロシアトヨタの従業員数は二五〇人をこえる（部品倉庫の派遣作業員をのぞく）までになっていた。

一方、プーチンは、五月に自分よりひとまわり以上年下のメドヴェージェフと大統領職を交代して、みずからは首相職に就いていた。四二歳のメドヴェージェフ大統領と五五歳のプーチン首相のツートップ体制を、マスメディアはふたりの漕ぎ手が前後に乗っていっしょにペダルを踏む自転車になぞらえて「タンデム政治」と呼んでいた。

そして、経済の好景気は相変わらずつづいていた。いっこうに衰える気配すら感じられなかった。モスクワのAEB（欧州ビジネス協議会。ロシアへ進出してビジネスをおこなう欧州企業が中心となって設立されたロビー活動団体）は、その年の自動車市場を、前年の二五七万台から五〇万台以上増えて三〇〇万台をゆうにこえるものと予測していた。いきおい自動車市場としてのロシアの重要性はますます高まり、日本をふくむ世界の主要メーカーがマーケティングを強化しつつ、ロシアの各地で現地生産を加速させていた。八月末のモスクワ国際モーターショーは、欧米メーカーがこぞって力を入れてかつてない盛況ぶりだったことを思い出す。

そうしたなかにあって、トヨタは前年の一五万七〇〇〇台の販売に対して年間二〇万台ごえを目標にかかげていた。得手に帆をいっぱいにあげて、ビジネスの歯車はフル回転していた。ランドクルーザーの需要は依然として旺盛で、タマ不足はカスタマーのクレームがネット上をにぎわせるほどに深刻だった。また、前年十二月に出荷セレモニーをおこなったロシア製カムリのほうは、現地製に対する市場のネガティブな反応（日本製に対する信頼がそれだけ高かったということでもある）も懸念されたが、ジャーナリスト向けにおこなった試乗イベントと、「ロシアのプライド」を訴求して打ったテレビコマーシャルやメッセージボードなどが効を奏し、現地製への期待は大きかった。サンクトペテルブルク工場の立ちあがりでつまずいて（塗装ラインでいっとき不具合が生じた）、計画どおりに出荷できないトラブルはあったが、そこは日本からの輸出でタマの不足を補うことができた。

建設機械や消費財の輸入が増えるにともなって自動車専用の税関ポイントが制限されたため、通関を待つ二〇〇〇台ちかいトラックが、フィンランドとロシアの国境で四〇キロ以上にわたって延々と立ち往生する状態がつづいたのもこの夏だ。七月には、そのために販売計画が未達におわる事態となり、物流部ではコスチャが自動車の陸揚げを隣国のフィンランドからロシアの港へ段階的に移すための検討をはじめていた。好景気に支えられた旺盛な輸入需要に対応するため、ロシア政府とつながるデベロッパーがフィンランド湾に面するロシアの海岸線でおおがかりに港の建設をすすめていたからだ。

また、トラックの需給が逼迫して輸送タリフ（運賃）が上がったため、フィンランドとモスクワ間、モスクワとイルクーツク間で鉄道輸送をスタートさせたのもこの七月のことだ。シベリア鉄道の利用は前年秋に相談役といっしょに乗って以来の懸案だった。自動車専用のワゴンが足りないなどの課題はあったが、国土を西から東へ向かってイルクーツクまでならば、輸送インフラにそれほど大きな問題のないことはフォワーダーの調査でわかっていた。

課題はむしろ、そこからさきのアンガラ河の峡谷沿いをいく山越えの単線区間にあることは、わたし自身も一年前に乗ってみて知っていた。

ウランウデからイルクーツクへ向かう途中、バイカル湖畔へ出るすぐ手前で、わたしたちはまえぶれもなく一時間以上も停まって待たされたのだった。そこからさきのタイガの山越えが単線だったからである。線路脇へ降りて、モスクワから極東方面へ向かう貨物列車を二度見送った。冬が来るまえに必要な物資を運びこんでおくため、貨物優先の特別ダイヤが組まれていた。

そしてその後、タイガの森をいくのぼり坂は外の景色がかたむいて見えるほどに急だったし、アンガラ河を見おろしながらすすむ峡谷のトンネルは小さくて、暗い壁面が車窓のそばまでせまり、自動車の輸送には窮屈そうに思われた。もっとも時折、眼下にアンガラ河を見おろすタイガのパノラマは雄大で、息をのむ秘境の美しさではあったのだが。

そのうえ、極東の鉄路を走行中の列車内は静粛とは言えなかったし、突然の振動で夜中に目を覚ますこともまれではなかった。ちなみに、崩れおちた例のベッドの背もたれ（相談役のコンパートメントで衝撃のためドサッと落ちたあれである）は、下車するまえに秘書のYさんがもとどおりにととのえた。ときどき〝ギギーッ〟とはげしく軋む音や左右のローリングは、カーブをいく列車のスピードとレールのかたむきや線路の設計がバランスしていないためなのか、あるいは車両そのものの構造上の問題だろうか。いずれにせよ、トヨタが本格的にシベリア鉄道を活用するにはまだまだ課題が多いようだった。

他方、新社屋の工事のほうは、春さきにはおおかた七〇％ぐらいまですすんでいた。このころには設計と技術を担当する岩切さん自身も毎週のように現場へ入り、本社のPE部からも出張者が頻繁におとずれて工事のプロセスをみてくれていた。そして、七月には地上四階建てのオフィス棟と、それと一体になったトレーニングセンター、後背地で横長に平たくのびた巨大な倉庫からなる複合施設がいよいよその外観を現して、十月までには外構工事をふくめてほぼ完了する見通しになっていた。

アフガン帰りのふたりの男たちの現場監督ぶりもすっかり板についていた。ただし、建設現場で夜間にボヤが起きて（酒盛り後の火の不始末が原因だった）、ときに消防署のお世話になるなどのハプニングはあったりしたけれど。そして、休み明けの現場にウォッカの空き瓶がうずたかく積まれる光景も相変わらずつづいてはいたけれど。

とにかく、こうして二〇〇八年の夏は渦を巻くように急激に変化しながら、わたしのまわりで慌しく過ぎたのだった。そして、わたしの任期もいよいよこの年かぎりとなっていた。

リーマンショック

およそ転機というものは、ある日、忽然としておとずれるものなのかもしれない。

ニューヨークで巨大投資銀行リーマンブラザーズの破綻が明らかになった九月十七日の午後、わたしはヘルシンキ空港で名古屋行きのフィンランド航空〇七九便の搭乗を待っていた。わたしはそのとき、ある理由で急遽、本社へ一時帰国する途中だった。

ビジネスラウンジで、さりげなく手にとった英字紙の見出しにふと眼がとまる。

「リーマンブラザーズが破綻、メリルリンチも……」

のちにリーマンショックと呼ばれることになる世界的な金融クライシスのシグナルだった。

今度ばかりはロシアも影響は避けられないだろう。反射的に手もとのバッグから携帯端末を取りだすと、ただちにモスクワの部下へ電話。とりあえず、年末の販売キャンペーンの企画を急ぐことと、対象車種をひろげて準備を怠らないことのふたつを指示した。そして、少し考えたあと、フルスイングで売り抜ける、という言葉をのみこんで電話を切った。そのときはまだ、そこまでの危機感は抱いていなかったからだが、ともかく二〇〇八年の秋から二〇〇九年の年明けへいたる半年間の物語はこうしてはじまるのだ。

やがて、少しタイムラグをおいて、十一月に入ると自動車の販売は急減する。つづく十二月、ロシア経済は不況の底に沈んだ。そして一月、ロシアトヨタは六万六〇〇〇台という未曽有の在庫（船上のそれとディーラーの在庫をふくむ）をためて二〇〇九年を迎えるのだった。

ところで、サブプライムローン（信用力の低い個人や低所得者層を対象にしたウォール街起源の住宅ローン）の危うさと、それに起因する金融不安の予兆は、早くも二〇〇七年の夏から秋にかけてマーケットにあらわれていた。

二〇〇七年に入るとアメリカの景気が後退し、それとともに生じた住宅ローンの返済のとどこおりや債務の不履行などの問題が、サブプライムローンを組みこんで証券化し、世界中の投資家に売られていたデリバティブと呼ばれる金融商品への信用をいっきに落とした。

その影響で、夏にはフランスのBNPパリバ銀行が運営する投資ファンドが行きづまり、イギリスでも住宅ローン専門のノーザンロック銀行で取りつけ騒ぎが起きるなどの不穏なできごとがつづいて、為替や株式、債券などが乱高下して金融市場に動揺が走った。アメリカ経済がピークアウトし、ヨーロッパ経済にも景気にかげりがみえて、二〇〇七年後半に入ると自動車への需要はどこも伸び悩んでいた。また、トヨタの本社はきびしい円高（欧米の金融不安を受けて安全資産ともされる円が買われた）に苦しんでいた。

ロシアトヨタが管轄していた中央アジアも例外ではなかった。カザフスタンではヨーロッパや中近東からの資金が引き揚げられて景気がいっきに冷えこんだ。たしか、その年の七月だった。駐在員室のあったアルマティをおとずれると、建設現場のタワークレーンがアームを中空に高く伸ばして止まったまま放置されているのをあちこちで見かけたし、あたらしくオープンしたばかりだったショッピングセンターは店舗の空きが多くてガランとしていたのを憶えている。

ところが翌日、アルマティからモスクワへもどると、まるで様子がちがっていた。ロシア経済はひとり気を吐いて盤石そのものに見えたのだ。空港の出発ロビーはバカンスへ向かう家族連れや若いカップルたちでごった返していたし、週末の大型スーパーマーケットは特大のカートを押して歩く買い物客でいつもどおりにぎわっていた。アメリカやヨーロッパにおける景気のかげりなど、どこ吹く風だった。自動車の販売には躍動感がみなぎり、わたしはモスクワで資源超大国の強さを実感する日々だった。

けれどもこのとき、巨額のオイルマネーがヨーロッパから大量にロシアへ流れこんでいたことにわたしは気づいていなかった。いわんや、投機マネーの一部が原油の先物市場へ向かい、油価を実需以上に押し上げていたことなど想像だにしていなかった。悲しいかな、渦中にいるとはそういうことなのだろうと思う。資金は行き場を失っていた。油価は翌二〇〇八年四月に一バレル一〇〇ドルラインを突破すると、七月にはいっとき一バレル一四〇ドルをこえるまで急騰したのだが、じつは金融市場にはこうした動きがあって、投資家の「ロシア買い」に拍車がかかっていたことに気づけなかった。はたして油価はその後、世界的な需要の低迷をうけて下落した。

要するに、市場は過熱していたのである。そのため、いったん資金が引き揚げられて経済がしぼみはじめると、その後の帰結がどうなるかは火を見るよりも明らかだった。不況はその分、深刻さの度合いを増した。ロシア経済は、あたかも中空を駆けくだるジェットコースターさながらに、いきおいよく頂きまで昇りつめたのち、坂道をいっきに転げ落ちるように急落下したのである。

いまにして思えば……

けだし、ロシア経済の脆弱性は歴史的で構造的な問題だったとも言える。

ひとつには、経済全体が原油への依存に大きく偏りすぎていた。貿易では輸出の六五％以上、財政では歳入の五〇％以上を石油とガスや、その関連製品がしめていた（第二章で記したように、プーチンのロシアが資源の輸出関税と採掘税の導入によって財政基盤を安定させたことを想起されたい）。この数値はいくらか下がったとはいえ、このような構造はいまも基本的には変わっていない、とわたしはみている。

俗に資源の呪いともいわれる。豊かな天然資源に恵まれるがゆえに製造業を地道にそだてる動機に欠けて、いったん油価が下がりはじめると即、経済も低迷を余儀なくされよう。懲りもせず、ロシアはこれまでなん度もそういうパターンを繰りかえしてきた。一九九八年八月のルーブル危機（国債のデフォルトとルーブルの切り下げ）もそうだったし、さかのぼって一九九〇年代はじめのソ連崩壊すらも、おそらく例外ではなかっただろう。そして、またしても油価の急落に痛打されたのである。

もうひとつは、多数のモノインダストリー（単一産業）都市の存在だ。地方視察へ出かけると、モスクワから遠く離れたウラルやシベリアの地方都市で、高価な自動車がなぜそれほど売れるのか、不思議に思うことがよくあった。広大なロシアの国土には、たったひとつの資源や素材、それを生産する企業でなりたつモノインダストリー都市が多数、点在する。ウラルのニジニタギル（鉄鋼）、シベリアのケメロヴォ（石炭）、クラスノヤルスク（アルミニウム）などがその例だ。このほかにも、これと似たような大小さまざまのモノインダストリー都市がざっと数えて七〇〇ヵ所ちかくもあった。これらの都市のほとんどは、不況の波がグローバルに押し寄せるなかで、商品市況の下落に対して為すすべもなく撃たれたのだった。

実際、わたしが自動車市場の異変の深刻さに遅まきながら気づいたのも、おひざもとの首都モスクワではなく、むしろこうした地方都市のディーラーからはじまった受注の急減がシグナルだった。

それに奇怪なことに、ロシアでは経済危機におちいると、いっとき高級車が飛ぶようによく売れるのだ。ロシア人は自動車を換金性の高い資産と考えて（概して中古車価格は日本よりも高かった）、ルーブルが暴落するまえに手もとの現金を自動車に換えておく傾向があるためなのだが（多くの国民は一九九八年八月のルーブル切り下げで辛酸をなめていた）、そのせいか、モスクワにいると、危機の到来がはじめのうちはあたかも遠雷の音のようにしか感じられない。モスクワやサンクトペテルブルクなどの大都市で車の販売が眼にみえて減ったのは、やがて秋も深まった十一月に入ってからだったように思う。

ちなみに、資源産業を成長のエンジンとするロシア経済のさきゆきをみるために鉱工業生産の動向をおさえておくことは、ロシアウォッチャーのあいだでは常識になっている。リーマンショック後、ロシアの鉱工業生産の成長率は、前年同月比で九月のプラス六・三%から、十月にはおなじく〇・六%へ、そして十一月にはマイナスに転じて八・七%へと急落した。ロシアウォッチクの影響がGDPの速報値に先行してあらわれていたことはいうまでもない。ロシアウォッチングのための参考である。

けれど残念なことに、こうした知見の多くは、実はそれからずっと後になってわかったことだった。所詮は愚者の為せる後づけの知恵にすぎない。

のちに述べるように、わたしは、気がついたときにはすでにどす黒い雨雲に厚くおおわれて、市場の変化を察知してさらりと身をかわせる状態になかった。そして、二〇〇九年四月にモスクワでの役割を終えて日本の本社へもどったのち、ロシアトヨタをリーマンショックによる債務超過から救うべく、増資の承認を取りつけるために社内を奔走した（ロシア法上、債務超過におちいると会社は存続できなかった）。これらのことがらの多くは、いわばその敗戦処理の仕事をするなかで、ロシアでのつまずきをふりかえりながら当時の状況を数字で検証してわかったことだった。

いまだから言えるのだが、第一に自動車の販売といえども、原油、為替、株価など、マーケット全体の動きから目をはなさないこと。そして、経済全体の資金の流れを注意ぶかく観察し、見かけの成長が本物かどうか、実像を冷静にみきわめる必要がある。第二に、相手の国の経済と産業の特徴、強さと弱さの理由、消費行動の傾向などをよく理解しておく、つまりひと言でいえば、相手の国をよく理解する、ということに尽きる。そして第三に、自社のビジネスモデルの弱みを分析し、それをミニマイズするように日々、改善を怠らないこと。わたしは、五年三ヵ月の任期の最後に、これら三つのことの大切さを学んだ。

本社へもどり、上司や仲間たちとともに五年三ヵ月のロシア事業の足跡を検証し、再建への道筋を検討した。経営のしくみと業務のプロセスの両面から課題をつぶさに抽出して改善点を整理した。改善すべきことがらは枚挙にいとまがなかった。

「市場を注意ぶかく観察せよ」「相手の国をよく理解せよ」「日々、改善を怠るな」とは、多くの上司から折にふれてアドバイスされていたことだった。これらの言葉のひとつひとつが、そのときどきの上司の顔とともに思い浮かぶ。そのなんでもないような、みじかい言葉の意味がようやくわかった気がしている。

ところで、後日、思いあたったことがもうひとつある。

実は、リーマンショックによってロシア社会が直面した不況には、それに先行する伏線があったと考えられる。ロシア軍によるジョージア侵攻（そのころはまだグルジアと呼ばれていた）がそれである。

思い起こせば、それはリーマンブラザーズの破綻よりもひと月以上まえのことだった。

二〇〇八年八月八日、北京で夏のオリンピックの開会式がおこなわれた。おなじその日、ロシア軍がジョージア内戦に介入して、首都トビリシ近郊へ侵攻した。これに対し、欧米の投資家がロシアからいっせいに資金を引き揚げる事態、いわゆる「ロシア売り」を浴びせる動きがあったのだ。

ついでながら、このときのロシア軍の介入は、親欧米のジョージア政権軍がその前日、同国領内にありながら統治がおよんでいなかった南オセチア自治州（ジョージアからの分離、独立を主張する）へ進攻したことが直接の原因とする見方も専門家のあいだにはあるのだが、とにかくそのために、八月中旬から下旬にかけてロシアで株式がいっせいに売られ、ルーブルも売られた。

つまり、ロシア経済のバブルは、すでにこのときはじけていた。引き金はこうして引かれていたのである。そして、そのような資金のにわかな流出でなかばパニックに陥っていたところに、リーマンブラザーズの破綻をきっかけとするグローバル規模の信用収縮の津波が追い撃ちをかけた。けれどもこのころ、わたしはあることに気をとられ、そうした微妙な潮目の変化をじゅうぶんに追いきれていなかった。

ソチ国際投資フォーラム秘話

さて、物語をさきへすすめよう。

くだんのジョージア紛争は、ソ連時代の共和国のロシア離れの動きに対して、旧宗主国のロシアがはじめて武力を使って牙をむいた衝撃的なできごとだった。欧米諸国はロシアの暴挙を激しく叩いた。そして市場は、そうしたロシアの国際政治リスクに敏感に反応した。

他方、この時期、モスクワのわたしのまわりであるできごとが起きていた。

九月一日、月曜日。午後、みじかい夏期休暇からもどってドモジェドヴォ空港へ降りたつと、待ちうけていたかのように秘書のSさんから電話が入る。留守中に東京本社から電話があったという。

Sさんによれば、本社から入った電話の趣旨はつぎのようだった。

在京のロシア大使館から東京本社へ電話があり、十八日にプーチン首相が世界のビジネスリーダー一〇人をソチへ招いて夕食会をもよおすことになった、そこにトヨタから渡辺社長を招きたいと言っている。ついてはこの件でいそぎ相談したい……。

十八日といえば、翌々週の木曜日と急な話だ。さっそく、移動中の車中から東京へ電話した。渉外担当者と話をすると、ロシア大使館の参事官を名のる人物から代表電話をとおしてコンタクトがあったようなのだが、なにせ唐突なことで、しかも五日の金曜日までに返事が欲しいというオファーだったらしい。担当者としても、プロトコルを欠いた電話での招待を真に受けてよいものか、判断しかねている様子だった。

たしかにおかしな話ではあった。いくら時間がかぎられているとはいえ、一国の首相が主催する夕食会への招待を、聞き覚えのない名前の人物が正式な書面もなしに突然、電話で知らせてくるとは……。いずれにせよ、もしこれが事実であれば、少なくとも本国のロシア外務省は承知しているはずだった。

さっそく、アジア太平洋局の知人に電話でさぐりを入れてみる。

「そういう話は聞いていません、初耳です。しかし念のため、調べてみます」

しばらくして彼から連絡があった。

「あの話は本当でした。外務省をとおさず、首相府から直接指示しています。トヨタの出席は不可欠です。至急、出席の返事をください。ご連絡をお待ちしています」

流暢な日本語から、少しあわてている様子がうかがえた。

いまもつづいているようだが、ロシア政府は外国企業の投資を呼びこむため、毎年一月にスイスのダボスでおこなわれる国際経済フォーラムをまねて、サンクトペテルブルクをはじめロシア経済のショーケースともいうべきいくつかの都市でビジネスフォーラムを開催していた。黒海沿岸の保養地ソチもそのひとつで、その年にも九月十八日から二十一日までの日程で、第七回となる国際投資フォーラムがひらかれることになっていた。

その知人によれば、プーチン首相自らの発案で急遽、このフォーラムにあわせて、ロシアで活躍するグローバル企業の経営者をソチの別邸へ招いてプライベートな夕食会をもよおしたいという趣旨のオファーだったことが判明。急に決まったこともあり、首相の外交顧問がホットラインで在外公館のスタッフに直接連絡し、各社に対してあらかじめ出席の可否を打診するよう指示していたものらしい。しかも、招待者リストには首相自身がサインしたともいう。つまり、それだけ緊急、かつ重要ということらしかった。

しかし、そうは言われても、もともとトヨタはそのフォーラムそのものにさしたる興味もなく、本社はもちろん、現地のロシアトヨタとしても参加を見送ることに決めていた。そのうえ、ジョージア紛争をめぐって、国際社会は親欧米の小国ジョージアを支持し、ロシアの暴挙をきびしく非難してもいた。とくにアメリカでは、秋に大統領選挙をひかえてジョージア情勢への対応が争点のひとつになっていた。バラク・オバマが民主党の候補者指名を決めたのが、その年の八月だった。したがって、このようなときにトヨタのトップがのこのこ出かけ、「悪玉」プーチンと仲睦まじくワインに興じる写真がメディアにでも載ればどうなるか。トヨタの出方次第では、アメリカやヨーロッパの政府や議会、世論の反発を買うおそれもじゅうぶんにあり得ることだった。トヨタとしては慎重な対応が求められた。

ロシア政府は、ジョージア問題に対する欧米の予想外の激しい反応に苦慮しているようだった。そのためプーチンとしては、外交はうまくいっていなくても、経済では投資家をひきつづき後押ししていく姿勢であることをアピールして資金の引き揚げを防ぎたかったのかもしれない。また、六年後の二〇一四年にはソチで冬季オリンピックが開催されることも決まっていた。そのため、これについても準備が順調にすすんでいることを印象づけたいねらいもあったかもしれない。冬季オリンピックはプーチン自ら招致に乗りだした肝煎りプロジェクトだったが、会場となるソチは戦渦のジョージアからそれほど遠く離れていなかった。いずれにせよ、このにわかな夕食会への招待には、プーチン自身のメンツがかかっているように思われた。

その夜は、たまたま旧知の元ロシア外務省高官と会食することになっていた。

わたしが、どうしたものかと水を向けると、その知人はしばし黙考したのち、おもむろに口をひらいてコメントした。

「ロシアを知っている企業であれば、この招待が特別なものであることに気づくはずです。それに、そもそも投資フォーラムに出席する予定のないトヨタの指名は特別です。これはたいへん重要な誘いですよ。招待に応じる以外にないのではないですか」

招かれていたのは、コノコ・フィリップス（アメリカで第三位のオイルメジャー）、シェブロン（おなじく第二位のオイルメジャー）、ＪＰモルガン（アメリカの投資銀行グループ）、ウォルマート（アメリカの流通業最大手）、ドイツ銀行（ドイツ最大の銀行）、シーメンス（ドイツを代表する電機メーカー）、トタル（フランスのオイルメジャー）、ＬＧ（韓国の家電メーカー）、それに日本の三菱重工とトヨタの社長（President）もしくは最高経営責任者（ＣＥＯ）の一〇人だった。

当時、アメリカのふたつのオイルメジャーは、フランスのトタルとともにロシアの国家戦略プロジェクトと位置づけられる、北極圏のバレンツ海でのシュトックマン海底ガス田開発事業に応札しており、ドイツ銀行はそのファイナンシャルアレンジャーだった。また、シーメンスはロシア鉄道のパートナーとして鉄道の近代化と高速化に協力しており、冬季オリンピックが開催される二〇一四年には、モスクワのカザンスキー駅とソチのオリンピック会場をむすぶ高速列車を走らせることになっていた。ＪＰモルガンは一九九四年にモスクワにいち早く駐在員事務所を開設し、二〇〇五年から大規模なロシア投資ファンドを運用していたし、韓国企業のＬＧはロシアへの積極的な投資で知られていた。つまり、選ばれたのは、ロシア政府が期待をよせる世界の名だたる企業の経営者ばかりなのだった。

日本の二社については、三菱重工は役員がロシアとの貿易団体の会長を務めていた。そして、トヨタは前年十二月にサンクトペテルブルクでカムリの現地生産をスタートさせたばかりだった。

プーチンにとり、トヨタが特別の存在であることは、ロシアでは誰もが知るところだった。それまでも、オリンピックメダリストへ贈る車にトヨタを選ぶなどして好意をしめし、また工場の鍬入れ式やロシア製カムリの出荷セレモニーにも駆けつけて、トヨタの投資に大きな期待を寄せてくれてもいた。渡辺社長とも、その出荷セレモニーで旧知の奥田相談役から紹介されてすでに知遇を得ていた。そのプーチンからの指名とあれば、トヨタにとっても光栄というほかなく、辞退するという選択肢はないものと思われた。

相談役の無念

結局、多忙な社長にかわって、相談役にお鉢がまわった。社長でもCEOでもなかったが、トヨタという一企業の枠をこえた財界人（二〇〇二年五月から二〇〇六年五月まで新生日本経団連の初代会長を務めたことはまえにも記した）としての実績や、プーチン大統領との個人的な面識などをふまえての判断だった。おそらく、ご当人としては必ずしも本意ではなかったのだろうが、とにかく最後はそこに落ち着いた。

ただ、その間にもジョージア内戦をめぐる情勢に変化が起きないともかぎらないため、様子を見ながら慎重にぎりぎりまで頃合いをみはからって、夕食会のちょうど一週間まえの九月十一日に東京のロシア大使館にその旨をつたえた。そして翌十二日の金曜日に、わたしがモスクワでロシア外務省をつうじて、回答が首相府へとどいていることを確認したのだった。

ところが、週明けの月曜日になって、朝一番でロシア外務省の知人から電話があった。残念ながらトヨタは出席できないという連絡だった。正式な回答が遅かったうえ、相談役は社長でもCEOでもなかったことが理由のようだった。突然、ロシア政府から平手打ちをくらったような気がした。

しかしながら、考えてみればなんのことはない、あたりまえの帰結だった。招待されたのは社長もしくはCEOで、代理は認められないとロシア側から念を押されていた。CEOは、トヨタでは当時、張会長がそれを務めていた。そのかぎりで、首相府のプロトコルはかたくなに守られたわけである。わたし自身にも、トヨタだけは特別なのだという、驕りに似たひとりよがりな思いがあったのかもしれない。

それにしても、つれないことをする、とは思ったが、いまさらどうすることもできず、もはや万事休すだった。

さて、二〇〇八年九月十七日午後、わたしは日本へ向から途中、偶然にもヘルシンキ空港の乗り換えラウンジでウォール街の異変を知った。実は、このときの一時帰国には、このようなすったもんだしたあげくの、様にならない事情があったのだ。わざわざ帰国するほどのことでもなかったのだろうが、わたしとしては、とにかく失態を関係者に直接詫びておきたかった。

「誠に申し訳ありませんでした」

「なんとも思っとらんよ。皆で話し合って決めたことだ、心配するな」

本社の執務室で、相談役は恬淡として穏やかな口調でそう言った。皆で決めたことだと言われて、いくらか救われた気がした。そして、もうすんだことだという顔で、その件について、それ以上を口にしなかった。

たしかにすんでしまえばなんでもない、取るに足らないできごとだったように思う。実際に、そんなトヨタのなかの動きとはかかわりなく、すべてはなにごともなく過ぎたようだった。

日本滞在をみじかく切りあげてモスクワへもどり、留守中の新聞に眼をとおすと、九月十九日付の〝ロシースカヤ・ガゼータ〟（日本語に訳すと「ロシア新聞」）に、前日ひらかれた首相主催の夕食会のことが写真付きで大きく報じられていた。同紙がロシア政府の発行する、いわば公式媒体の日刊紙であることはいうまでもない。招待された企業と出席者一〇人の一覧表まで、いかにももったいぶったふうに載っており、トヨタとウォルマートにかわってBP（ロンドンに本社を置くオイルメジャー）とエクソン・モービル（アメリカのオイルメジャー最大手）の社名があった。出席者の歩留まりを考えて、あらかじめ余計に声をかけていたにちがいない。

そのうえ、ごていねいな一行まで添えてあった。欄外に注記があり、わざわざこう書かれていたのである。

いわく、「ウォルマートも招待されたが、副社長だったため却下された」と。

その注記は、あえてウォルマートにふれて、すべての出席者がプロトコルに則（のっと）って招かれた事情をつたえていた。それ以外にはふれていなかった。

トヨタに関する記載がないことに、一瞬、おや……？と思った。が、所詮は一国の政府とその国でビジネスをおこなう一民間企業の関係にすぎない。首相府はプロトコルどおり、名誉ある一〇人の企業経営者を迎えて夕食会を開催し、とどこおりなく終了した。記事がつたえるのは、それ以上でもそれ以下でもない、単にそれだけのことだったのだろう。

それに、彼らはトヨタとのやりとりをしめす書面をなんら残さなかった。あらかじめ電話で出席の意向を確認し、そのうえで正式な招待状を発出する。したがって記事のなかで、トヨタは公式には招かれてすらいなかった。すべては計算ずくで、さすがにしっかりしたものだと思った。いろいろ考えすぎてバカをみるのはいつも企業のほうだった。

結果的に夕食会そのものは、トヨタとしては行かなくてすんでかえってよかった、という程度のことだったのかもしれない。あるいは、プーチンに予期しないかたちで利用されなくてよかった、ということだったかもしれない。

それにもかかわらず、その後もひとつの気がかりがわたしのなかでしばらく尾をひいた。欄外の一行の注記は、あえてトヨタについてふれないことで、そこにある含みを持たせているように思えてならなかったからだ。わたしには、それがトヨタに宛てたメッセージのように思われたし、相談役に対してしめした幾ばくかの配慮であるようにも感じられた。

そして、ほかならぬプーチン本人が、このときの「日本の友人」へのつれない対応を暗に気にかけていたのではないかと思わせるやりとりがあったのは、それからしばらくしたころだった。二ヵ月後、新社屋の竣工式が近づいたある日、先日の外交顧問から、首相の「古い友人」の消息を問う電話がわたしに入ったのである。

だがそれについて記すまえに、時計の針をいったんリーマンショックへもどさねばならない。

不況の到来

二〇〇八年に入ると、トヨタのグローバルな販売台数は、北米やヨーロッパで前年実績を下まわって推移する状態がつづいていた。

これに対し、かたやロシアの自動車市場はすこぶる堅調だった。そして、ロシアトヨタの販売は市場の伸びをも上まわるペースで力強く増えつづけた。リーマンブラザーズの破綻が明らかになった九月でさえも、前年同月比七〇%増の月販一万九七〇〇台を記録した。つづく十月にはいくらかペースが衰えたとはいえ、それでも同五〇%増の一万八七〇〇台と好調だった。日本の本社やトヨタヨーロッパの同僚たちはロシア市場の踏ん張りに期待した。

ところが、リーマンショックはついにロシア経済を捉える。原油需要の世界的な落ち込みが予想されて、油価が急落したためだった。

ロシアにとり、二〇〇八年十月六日の月曜日は、まさしく〝ブラックマンデー〟と呼ぶべき一日になった。ロシアの株式市場は原油高がもたらす好景気によって急成長し、新興国では時価総額で中国につぐ規模の市場になっていた。それがその日、一日の下げ幅としては過去最大の一九%の暴落を記録したのである。売買が断続的に停止され、ほとんどパニック状態だった。たった一日で、株価総額にして一〇二〇億ドルもの資産が水の泡と消え、平均株価はまたたく間に三年前の二〇〇五年十一月の水準まで逆戻りしてしまった。

ルーブルも売られて切り下げがつづいた。すでに述べたように、原油価格は七月にピークを打ったのだが、ドルに対するルーブルの為替レートは、この油価の動きと連動して、七月から十月までの三ヵ月で一三%以上も下落した。ちなみに当時はまだ、ルーブルの為替レートはドルとユーロに対して一定の変動幅、いわゆる通貨バスケットのコリドー内におさまるようにロシア中銀によって管理されていた。ルーブルが完全なフロートに移行するのはクリミア併合後、欧米諸国による経済制裁が本格化した二〇一四年十一月のことである。

不況の到来は自動車の販売にもあらわれた。たしかに十月に入っても、ロシアトヨタの販売台数は足もとの数字のうえでこそ好調さを保っていたのだが（カスタマーの消費行動の特徴についてはすでに記した）、市場の先行きをしめす新規の受注が減りはじめたのだ。

そのうえ、地方のディーラーが、ロシアトヨタに対する申告済みの発注情報をキャンセルする動きがぱらぱらと出はじめて、やがてそれが奔流となって止まらなくなったのだ。これを知って販売部の若いメンバーたちは浮足立った。

実は、そのときになってわかったことなのだが、ロシアトヨタでは、ディストリビューターに対するディーラーの発注行為について契約上のしばりがルール化されていなかったのである。頭金を入れさせることもなければ、車両の引き取り責任などについても、ディーラー契約にはっきりとはうたわれていなかった。目のまえの販売マーケティングに追われるあまり、足もとのリスクマネジメントに目がとどいていなかったということだ。そのため、販売部で「受注」と呼んでいた情報は、いうなれば「砂上の楼閣」に等しかった。なんともお寒い話ではあるのだが、わたし自身の経験不足がここへきてあえなくも露呈したといえる。時間の経過とともに、受注は手のひらにすくいあげた砂が指のあいだをさらさらと滑り落ちるように消えていった。

そして十一月になると、新規の受注がはっきりと急激に失速した。それと同時にディーラーの販売もいきおいを失って（それでも、まだ前年並みの水準ではあったのだが）、在庫がにわかに増えはじめた。ビジネスモデルの歯車が逆回転したことは、もはや明らかだった。

「問題は原油価格ですよ」

経理・財務担当役員のエレーナがわたしのところへやってきて、元気のない顔でそう言ってため息をついた。七月にはいっとき一バレルあたり一四〇ドルをこえて上がった原油価格は、このころには三分の一ちかい五〇ドル前後まで下がっていた。油価とルーブルの下落スパイラルにまったく底が見えなかった。市場はロシア経済が石油依存であることをあらためて浮き彫りにしていた。従業員たちの表情から明るさが消えて、皆が暗く沈みはじめた。販売部のスタッフはトヨタヨーロッパやディーラーとのやりとりに忙しく追われた。欧米メーカーの知人から、情報交換の電話がしきりに入ったことを思い出す。いかに在庫を捌(さば)いて売り抜けるか。各メーカーがおたがいの在庫の量を憶測し、キャンペーンの手の内をさぐりあった。

ところで、その春、わたしはロシア経済の底がたささを楽観視して、ロシアのみで、前年実績の一五万七〇〇〇台に五万九〇〇〇台を上乗せした二一万六〇〇〇台(細かくいえば、カザフスタンの七〇〇〇台を合わせると二二万三〇〇〇台)に年間の販売計画を上方修正していた。欧州での販売低迷をロシアで下支えしたい意図があったことはいうまでもない。そのため、販売部では夏場から秋口にかけて強気の生産オーダーを張っていた。そして、不況がはっきりした十一月には、年末までの商品の仕込みをあらかた終えていた。

参考ながら補足すると、当時の業務スケジュールにしたがえば、ロシアトヨタでは向こう数ヵ月さきの需要を予測して、目標とする販売月の四ヵ月まえに、工場に対する生産オーダーを胴元のトヨタヨーロッパへ提示するルールになっていた。

ランドクルーザーやレクサスをはじめ、ロシアで販売する自動車の大半は日本製のそれだったのだが（カムリの現地生産は、まだはじまったばかりだった）、日本の工場で生産された商品を、名古屋の港から海路、アジアとヨーロッパの海を渡り、さらにフィンランドの港から陸路をとおってはるばるロシア国内まで輸送するのに一ヵ月半ぐらいかかっていた。内陸の南ロシア、ウラルやシベリアのディーラーまでは二ヵ月ちかくもかけて運んでいた。そのため、このながい物流動線を前提にするかぎり、生産月としては遅くとも十月までには、年内に販売する商品にめどをつけておく必要があった。そして、それに間に合わせるためには、現地のロシアトヨタの業務としては真夏の八月には生産オーダーを提示しておく必要があったのだ。

したがって、不況が明らかになった十一月の時点では、九月と十月に生産された商品はすでに洋上にあり、やがて船が港に着くと、ところてんを押し出すようにつぎつぎと陸揚げされた。在庫が雪だるまさながらに増えるのは必定だった。ロシアトヨタでは、販売が失速し、在庫がたまり、資金繰りも苦しくなっていた。そのうえ、為替による差益が一転して差損へかわり（為替リスクを現地販社が負っていた事情はまえに記した）、それがまたルーブルの切り下げで大きくふくらんで会社の収益を急速に圧迫した。すべてがまたたく間に逆回転し、すべてが容赦なく襲ってきてほとんど為すすべもない状態だった。さいわいにも、トヨタヨーロッパが機転をきかせて早めに融資枠の拡大に動いてくれて、これには本当に助けられたと思っている。

一方、新社屋の建設がすすむアルトゥフェヴォの現場では、九月になると工事は内外装の仕上げ作業にはいっていた。あとはコジェネレーション設備の設置と、駐車場の整備やフェンス、植栽などの外構工事が残るだけだった。

ところが、リーマンショックのあおりはロシアの脆弱な建設業界にも波及した。事ここに至って、請負業者（いわゆるサブコンである）が資金繰りに行き詰まってドミノ倒しさながらバタバタと倒れはじめたのである。

九月に入ったある日、現場の事務所の様子を見にいくと、現場監督のボリスがきびしい顔でなにやら携帯電話で話しこんでいた。コジェネレーションのガスタービンを発注していたロシアの輸入代理店が倒産して、まったく連絡がとれなくなっていた。そのうえ肝心の社長は、なんと別件で逮捕されて留置所に入っているというではないか。リース費用の大半はすでに前払いされていた。絶望的な状況に、もはや運も尽きたかと思った。

こうなったからには、自分たちで直接、ヨーロッパの総代理店と交渉してみるしかない。岩切さんの部下がなん度も電話して、最後はわたしが電話に出て、ウィーンにあったそのメーカーの総代理店と直接かけあった。新社屋建設プロジェクトで、わたし自身が直接、交渉にかかわった最初にして最後の仕事である。

サブコンがらみのトラブルは、その後もあとを絶たなかった。

家具の輸入代理店が倒産して、ヨーロッパから輸入するはずだったオフィスの机や椅子、ロッカーなどが届かなくなるできごともあった。従業員のための机や椅子は、岩切さんのアドバイスですべてイタリアの保健当局の基準に合わせていた。これについては、ローマ事務所から派遣されていたエンジニアのひとりがイタリアのメーカーの知り合いに直接電話して、どうにか調達できることになった。ついでにいえば、ロシアの輸入代理店の見積りよりもずっと安い価格で。ひょうたんからコマがころがり出たような話だったが、寡占的な輸入業者がわるさをしていることを疑わせるにじゅうぶんなできごとでもあったと思う。

この時期、事務所のエンジニアたちはサブコンとの連絡に追われていた。ボリスに言わせれば、請負業者の倒産など、リーマンショックが起こらなくても、ロシアの土建業界ではむしろ日常茶飯事のようだった。彼はそうした業界事情をよくわかっていて、潰れかけたあぶない業者をパスして、孫請け業者に直接お金を渡して職人を確保して仕事をさせていたのだった。

だが、それで終わりというわけではなかった。すべての工事が終わった暁に、建物の使用許可と各種施設の検査証の取得という厄介な手続きがひかえていたからだ。

完成した新社屋を利用するためには、建築許可を取得したときと同様、建物については例の国家建築審査局、ボイラー、エレベーター、柱付きのリフトなどの危険物については連邦環境・技術・原子力監督庁、その他に消防署、保健所、電気系統、ガス供給当局などの検査をひととおり受けて、検査終了証をもらう必要があった。いざというときに〝プーチン〟や〝グロモフ〟の名前を出すと（メドヴェージェフ大統領ではなかった）、ようやく重い腰をあげて動きはじめるのがこの国の役人たちの常だった。アフガン帰りのふたりには、竣工式にプーチンを招いていると関係当局に吹聴して役所にプレッシャーをかけるよう指示したが、それでも二ヵ月ぐらいはかかるはずだった。

ついに旗を立てる

ロシアに金融危機がせまる十一月なかば。

モスクワ環状ハイウェイを八四キロ地点で外側へ出てモスクワ州へ入り、そこからアルトゥフェフスコエ通りを左へ折れて少しすすむ。やがて、ハイウェイをのぞむ小高い丘に、中央にロシア連邦、向かって左にモスクワ州、右にトヨタの三本の旗がひるがえる。

黒みがかったダークグレーとナチュラルホワイトの外壁。すっきりとして飾らない矩形（くけい）四階建てのオフィス棟の左手高く、赤いボールド体のゴシックで〝ＴＯＹＯＴＡ〟のロゴサインがくっきりと表示され、それと呼応するように建物のひさしに沿ってひと筋の赤いラインが水平に伸びる。

ロシアにおけるトヨタの新しい城が全容をあらわした。一階には、広い玄関ロビーを挟んで左手にキャンティーンと大会議ホール、右手に応接コーナーとプレス用のミーティングルーム、棟つづきの右手奥にトレーニングセンターが配される。オフィス棟のなかは、すべてがシンプルかつ機能的で、広くてのびやかに感じられる。そして建物の裏手へまわると、巨大な平屋建ての部品倉庫と、その脇に自家発電のためのコジェネレーションシステム。倉庫の正面には、大型トラックのプラットホームと荷物の搬入口が一六ヵ所、横一列にならんでいた。建屋のまわりには五〇〇本の白樺の苗木が植えられた。いつの日か、白い大樹の林が美しく風にそよぐだろう。

この日、わたしは、プロジェクトチームのメンバーに案内されて完成まぢかの新社屋を視察した。遅れていた机や椅子、ロッカーの搬入もなんとか間に合いそうだった。ただし、通関手続きをすませてオフィスへ搬入されたのは、なんと竣工式の二日まえのことだったのだが。職人がまだなん人か残って作業をしたり、なにかの工事をしたりする姿をちらほら見かけたが、駐車場の白いラインもあざやかに、外構の仕上げもひととおり終わっているようだった。いよいよ期限がちかづくと、ようやくすべての事態がいっせいにあわただしく動きはじめるのがロシアという国だった。最後の課題だった建物や施設の使用許可の取得はまだこれからだったが、どうにかここまでたどり着いた。

視察の終わりに、ビジネス繁盛の願いを込めてだるまに片目を入れるように、コジェネレーションのボイラーにスイッチを入れた。皆が見守るなかで、ガスタービンは無事に点火した。

正面ゲートのかたわらに、〝OOO TOYOTA MOTOR〟と刻まれた銅板の社碑が据えられていた。二〇〇六年秋に着工して以来ほぼ二年。二〇〇〇年代なかばのあの時期、ロシアで外国企業が土地を取得し、そこに社屋を建てるとは、いったいどれほどのことだったのか。言葉に尽くしがたいものがある。いまならどうかと問われれば、許認可行政のわかりにくさはその後いくらか改善されたとも聞くが、これまで記したようなロシア社会の諸相そのものは根がふかく、そうそうたやすく変わるようにも思えない。とにかく、そのときはようやく肩の荷がおりた気がして、感慨深かったことを憶えている。すべてはプロジェクトにたずさわったおおぜいのひとたちの尽力の賜物だったと思う。わたしの知らないところで苦労をかけたことも多かったはずである。

他方、それにつけても思い起こされるのは、ほかでもない。ガスの輸送管についてのことだった。新社屋はモスクワ郊外に立地していたため、自前のコジェネレーションシステムをそなえることは冬場の安定した電力と熱供給のために必須だった。建築構想には当然、それを盛り込んだ。

ところが、肝心のガス管は外環ハイウェイの内側、すなわちモスクワ市内の三、四キロさきまではきていたが、ハイウェイの外側のモスクワ州までの延長は将来の計画としては存在しても、アルトゥフェフスコエ通り周辺の開発計画とのかねあいで、いったいいつになれば実現するか、まったくさだかでなかった。近くにフランス系の大型スーパーマーケットやホームセンター、オフィスビルなどが建つ青写真もあると聞いてはいたが、それらしい動きはいっこうにはじまらなかった。ガスが供給されなければ、コジェネレーションを動かせない。これには岩切さんはじめ皆が頭をかかえた。

実は、建築許可を取得するために最後まで難儀した最大のネックもそれだった。まえにも記したように、わたしは建築許可がいつまでたってもおりないことに業を煮やして、やむなく取得手続きと並行して工事をスタートさせた。肚をくくって、ロシアの流儀にしたがった。ボリスとオレグとはゴールだけを共有していた。彼らがその後、この難題をいったいどのように解決したか、世界最大のガス企業、国営ガスプロムのモスクワ州支部をどうやって動かしたか、そこはついに聞いていない。いずれにせよ、アフガン帰りのあのふたりがいなければ、ゴールまでたどり着くことはできなかっただろう。

竣工式の日取りは十一月二十五日と決まっていた。使用許可の取得は、まだ一部残ってはいたが、モスクワ州のカラハノフ代表とも相談して、そこは後まわしにした。トヨタを代表して日本から張会長が出席することになり、メドヴェージェフ大統領とプーチン首相に宛てて、それぞれの秘書に張会長とわたしの連名で招待状をとどけていた。

竣工式

竣工式に張会長を招くことは、最初からそう決めていた。二〇〇五年秋、アルトゥフェヴォの土地を購入するにあたって背中を押してくれたのが、ほかならぬ張会長だったからである。その年の夏、たまたまモスクワを視察におとずれた機会に用地へ案内した。九月に一時帰国した折にも念を押していた。

ひとつだけ気がかりなのは、リーマンショックがもたらした世界的な金融不安のことだった。日本の本社では、北米やアジア、ヨーロッパをはじめ世界中で自動車の販売が激減し、二〇〇九年三月期の連結決算は赤字転落が避けられない見通しになっていた。ロシアの販売もすっかりいきおいを失って、危機はどこまで深まるか、見通すことができなかった。このような時期にのんきに祝い事などおこなってよいものか。本社の空気をおもんぱかると、ここは内輪で小さくすませる選択肢も考えられた。

とはいえ、事業の途上にいくつもの波はつきものだ。長いあいだには山あり谷ありである。それに、ディーラーのオーナーたちからも開催を強く求められていた。彼らも、そのさきにつぎつぎとオープニングをひかえていたからだ。わたしが萎縮しているわけにはいかなかった。意を固めて、予定どおりおこなうことにした。

深夜、携帯電話で起こされたのは、竣工式の前日、張会長が日本を発つ日のことである。モスクワでは午前二時すぎ、日本では朝の八時ごろだったと思う。

本社の秘書からで、会長が腰をいためて動けないのでしばらく様子をみたい、と言う。張会長が腰に持病をもっていることは以前から知っていた。

三〇分後、ふたたび電話が鳴り、今度は会長本人と話をした。どうやら痛みはひどいようだった。困ったことになった……、と思った。少し考えて、来てくださいとお願いした。会長から、どうしてもですか？ と念を押されて、はい、お願いします、ときっぱり応じた。わたしのためではなかった。ロシアにおけるトヨタの大義のようなものが懸っていると思っていた。同時に、わたしのせいで会長が職務を遂行できなくなったら、いったい誰に、どうお詫びすればよいのだろうとも思った。

その日の夕方、わたしは車椅子を用意して日本からの一行を出迎えた。八の字に眉じりをさげた張会長が、いつもと変わらない柔和な笑みを浮かべながらゆっくりと社有機のタラップを降りてきた。

さて、明くる竣工式の当日である。

前夜に雪が降って、路面がしっとりと濡れていた。わたしは終日、張会長の座る車椅子を押した。来賓がつぎつぎに到着し、玄関ロビーの近くにもうけた応接室へ案内する。新しい来賓がつくたびに、会長は、ときに車椅子から立ちあがり（はげしい痛みを堪えながらのことだったにちがいない）、終始にこやかに、笑みを絶やさずに言葉を交わす。シュワロフ第一副首相、ドヴォルコーヴィチ大統領補佐官につづいて、モスクワ州からグロモフ知事がカラハノフ代表をともなって車で到着。お互いに申し合わせたように序列どおりの到着だった。日本の大使やモスクワ州の第一副知事、地元のムティシチ地区の地区長もかけつけた。会長は、そうした来賓のひとりひとりにていねいに礼を尽くして応接した。

やがてはじまった式典では、車椅子に座ったままスピーチをした。わたしはかたわらで、会長が背負っているものの大きさを思うのだった。

午後のメディアとの個別インタビューもひとつとしてキャンセルすることなく、若い広報担当者が用意したプログラムどおりに、いやな顔ひとつせず応じてくれた。グローバルな金融危機のこと、ロシアにおけるトヨタのこと、〝カイゼン〟や〝カンバン〟からトヨタ生産方式のこと、トヨタがこれからも大切にしたいと思うことなど、すべての質問に、わかりやすくていねいに。さすがに記者たちも興奮し、感激していた。翌朝、トヨタのCEO〝ミスターCho〟のインタビュー記事が、〝ベドモスチ〟（『ウォール・ストリート・ジャーナル』や『フィナンシャルタイムズ』などとの合弁で一九九九年に発刊された有力日刊紙）の一面トップを大きく飾ったことは言を俟（ま）たない。

そして夕刻、すべてのアジェンダを終えていったんホテルへ立ち寄ると、ただちにチェックアウト。そのまま空港へ向かった。

トヨタヨーロッパのAさんとふたり、わたしは機影が雲間に消えるまで無言で見とどけた。ほっとして車椅子をたたみながら言葉が出なかった。それにしても……、とわたしは思うのだった。会長の、まわりをけっして不安にさせないあの柔和な笑みはいったいどこからくるのだろう。ホテルのベッドがやわらかくて痛むので、硬い木の板を敷いて寝たことはあとで知った。

ところで、もうひとつ記しておこうと思う。

実は、竣工式がちかづいたある日、例のプーチン首相の外交顧問から電話があった。

「首相の古い友人は来るのかね？」

「……？　いいえ、日本の本社からは張会長が出席します」

わたしは、今度はCEOが来るとつたえた。九月のソチでの夕食会の一件もあり、意趣返しのつもりもあった。

電話を切って、ふと「古い友人」という言葉に気を留めた。同時に〝ロシースカヤ・ガゼータ〟のあの記事のことを思い出した。「古い友人」は奥田相談役のことを指していた。前年十二月、プーチンはサンクトペテルブルク工場の出荷セレモニーで、すでに相談役に退いていたそのひとから渡辺社長を紹介されたのだった。プーチンには「新しい友人」ということだったのだろう。プーチンはあの夕食会のときのことを気にかけていたのかもしれない。

余談だが、一年前の出荷セレモニーの日、大統領だったプーチンは友人のイワノフ補佐官（当時）と連れだって、いくらかリラックスした雰囲気で現れた。そして、渡辺社長の案内で、ふたりならんで工場内を視察する様子がメディアをつうじて世界へ向けて発信された。プーチンにとり、この「日本の友人」が建てた工場こそは、ロシアの成功と発展を世界へアピールする格好なプロジェクトのはずだった。生産ラインのまえでは、オートメーションのベルトコンベアにかわって、ひとが人力で台車を引いてまわるトヨタ流の簡易ノックダウン生産方式について熱心に質問していた。

「プーチンさんは相手のことを細やかに気遣うひとでしたよ」

とは後年、渡辺前社長から聞いたエピソードである。遠慮がちに大統領のうしろを歩く渡辺社長に、自分のまえを歩くよう、さりげなく手招きする気遣いをしめしたという。

電話のあと、いっそ張会長といっしょに奥田相談役にも来てもらおうかとも考えた。けれど、すでに述べたように、日本の本社はリーマンショックへの対応で、ロシアトヨタの竣工式どころではないはずだった。あまり大袈裟な振り付けにしたくはなかった。そう考えて、わたしはこのことを胸のひきだしにしまい、本社には黙って竣工式を迎えることにしたのだった。深夜の電話で、会長にどうしても来てほしいと無理を言ったのは、実はそういういきさつがあったからである。

竣工式には、メドヴェージェフ大統領もプーチン首相も来なかった。大統領はアジア太平洋経済協力（APEC）首脳会議に出席するため、南米へ出張していた。

けれども、大統領府のドヴォルコーヴィチ補佐官が、ペルーに滞在中の大統領から張会長に宛てて打った祝電をたずさえていた。そして、それをおおぜいのぶら下がりのメディアのまえで読みあげたのだ。大統領府、首相府ともに次席による名代としての出席だったが、プロトコルを踏まえて申し合わせたようなそのバランスと、大統領がしめした一企業への丁重な対応に心を打たれた。張会長が来てくれて、ほんとうによかったと思っている。

債務超過に沈む

——十二月二十九日、降りしきる雪のなか、モスクワ郊外のジュコーフスキーヤードにおいて在庫車両の一斉棚卸を実施。見渡すかぎりに白く雪をかぶった新車一万六〇〇〇余台が幾重もの列をなしてならんでいました。ショックへの対処の遅れが、あっという間にかくも膨大な在庫と化しました。フロントガラスに降り積もった雪を払いながらの作業となったために予想以上に時間がかかり（車両データを記載したラベルはフロントガラスに貼られていた）、すべての作業が終わったのは大晦日の夜でしたが、従業員にとりましても、またわたし自身にとりましても、苦くかつ貴重な経験になりました。

二〇〇九年初頭、わたしは本社に宛ててこう報告した。

一九九八年八月のルーブル危機後の一〇年間、ロシアの再生から復興への道のりは、折からの新興国ブームとも相まって、原油やガス、金属などの資源価格の上昇によって支えられてきた。したがって二〇〇八年秋、グローバルな金融クライシスが世界の実体経済に波及して資源市況が急落すると、ロシア経済が立ちどころに成長のエンジンを奪われて深刻な不況のどん底へと沈むことは自明の理でもあった。

ロシアトヨタの二〇〇八年の販売台数は、修正後の計画まではとどかなかったが、それでも大台の二〇万台をさらに五〇〇〇台ちかく上まわった。マーケットシェアは前年の六・一％からさらに伸びて七・三％に達した。

だが同時に、未曽有の越年在庫を将来に残した。傘下のディーラー網のそれをふくめると、その総数は六万五〇〇〇台をこえ、足もとの月販台数で割った在庫月数は八ヵ月分を上まわるレベルになっていた。そして、やがてこれが経営の致命傷になるのだった。

新社屋の竣工式が終わって十二月になると景気の後退が本格化した。原油価格はついに一バレル四〇ドルを割りこんだ。二〇〇九年が明けると、テレビやラジオのニュースは、「こんにちは！　ロシアは世界金融危機に襲われています」というフレーズを、まるで合言葉であるかのように連呼するのだった。いまやショックの痛みがロシア全土にどんよりと重く垂れこめていた。

問題はルーブルの下落が止まらないことだった。ロシアトヨタでは為替差損の拡大に耐えきれず、前年末に、緊急措置としてディーラーとの取引条件をいったんドル建てにもどしていた。しかしながら、ルーブルの下落は年が明けてもいっこうに収まる気配がなかった。小刻みな切り下げがつづき、一月だけでドルに対して二〇％も切り下がった。前年九月までさかのぼると、この五ヵ月間でなんと三五％も下落していた。そのため年末以降、競合他社がいっせいに在庫一掃セールに動くなかで、トヨタも今度ばかりは巨額の販売費を投じてでも積極的なキャンペーンに打って出るほかなかった。

それにしてもトヨタがためた在庫の規模はあまりに大きかった。それらの大半は、まだルーブルが高かった時期に仕入れていた。ドルベースのその価値は、すでに三〇％以上も下がっていた。しかも、自動車はそもそも単価が高かった。いまとなっては、この膨大な負の資産がバランスシート上の負債をふくらませ、いずれ債務超過におちいることはもはや避けられなかった。

思えば二〇〇二年四月に創業して以来、わたしもふくめて皆が右肩あがりのビジネスモデルしか経験していなかった。そのため、従業員は市場の拡大に対応するためのスケールアップ業務に追われ、急なリスクへの対処をふくめていろいろな局面で鍛えられていなかったと思う。うまくいっているときはよかったが、いったん狂いはじめると、業務のいたるところで経験不足ゆえの未熟さが露呈した。ディーラーを束ねて危機を乗りきるための協議会の創設もこれからだった。

また、わたしは冷静なる賢者ではなかった。竣工式を終えたその夜、全ディーラーを招集して緊急戦略会議をひらいた。このときには、不況はすでに目のまえにはっきりと在り、危機に立ち向かうための施策をディーラーと共有した。

だがしかし、それでもなお、わたしをふくめて販売部の面々は、おとずれた危機の淵の深さについてまだ楽観していた。そして、足もとで需要が急落していることを認識しながらも、依然として市場への期待を捨てきれず、先ざきの生産オーダーを思い切って落とすことをためらった。

いわく、「敗軍の将は、以て勇を言うべからず」。

自動車の流通におけるディストリビューターの役割は、簡単にいえば、メーカーの工場から商品を仕入れて傘下のディーラーへ卸すことである。そこで、ディストリビューターは将来の需要を予測して、それにもとづいてオーダーをはじいて工場へ発注する。また、市場が急変して需要の落ちこみが予想されれば、すみやかにオーダーを減らして在庫を適正なレベルへ調節する。

ところが、まえにも述べたようにロシアトヨタのケースでは、日本の工場で生産される商品をロシア国内まで輸送するのに通常は船で二ヵ月ちかくかかっていた。ということは、常時二ヵ月分の在庫が、現地分のそれに加算されて洋上にあるということだ。したがって、いざという時に「急ブレーキ」を踏んで足もとのオーダーをキャンセルしたとしても、少なくとも洋上にあるその分は「オーバーラン」してしまう。そのためディストリビューターとしては、将来が不確実であることを前提に、不測の事態を考慮しながら、需要を常に手堅く予測して商品を発注する必要がある。いずれにせよ、ディストリビューターの経営は、先ざきの市場見通しにもとづく、商品の需給バランスについての的確な判断と、先ざきの販売リスクを勘案した、物流ステージごとの在庫レベルの巧みなハンドリング如何の二点にかかっているといってよい。

あるいは、そもそも将来というものが不確実な未来であるかぎり、生産オーダーは順風時においてさえも常に腹八分目ぐらいで止めておくべきなのだ。在庫は弓の弦がピンと張ったように、多少足りない状態でまわすぐらいがちょうどよかった。そして実際、第一章で記したように、二〇〇四年一月、わたしはこのような考え方を胸に深くきざんで舟を漕ぎだしたはずだった。

他方、ディストリビューターにとって工場に対する生産オーダーは、販売サイドからの、いうなればコミットメントだ。工場の稼働を支えることが販売部門の最大の責務であることはいうまでもない。だからこそ、月度の生産オーダーは、市場が良いときであれ悪いときであれ、会社の意思決定として社長であるわたし自身が決裁することになっていた。

ところが、多忙をきわめていたせいもあったかもしれない。また、すでに任期も最後の五年目を迎えて、多少の疲れもたまって集中力を欠いていたのかもしれない。あるいは、任期の終わりを意識して、つまらぬ功名につい眼が眩んでいたのかもしれない。

わたしは、トヨタのロシア現地法人の経営を託されて、二〇〇四年一月にロシアへ渡り、二〇〇八年秋にリーマンショックという世界的な金融クライシスに遭遇した。自分の城は、最後は自分で守るしかない、といまは思う。リーマンショックが襲ったとき、わたしはただちに工場とかけあってでも生産オーダーをキャンセルすべきだったが、それをしなかった。

そのうえ、いまではひろく知られるように、ロシア経済は原油価格次第である。油価が下落するきざしは、その年の夏ごろから察知できたにもかかわらず、それを見過ごして安穏としていた。ロシア経済への理解が足りなかったと認めざるをえない。そのため初動を誤り、在庫の調整が遅れた。自動車は一台一台が高額なので、いったん在庫を過剰にためると即、命取りになりかねない。自動車ビジネスのなんたるかについて、実はなにひとつ理解していなかったに等しい。経験の不足を恨んでみても、いまさら詮なきことである。

要するに、わたしはロシア経済もろともリーマンショックに撃たれた。ルーブル暴落をまえに、ほとんど為すすべもなかった。これが五年三ヵ月にわたる在任中、多々ある失敗のうちで最大にして最後のそれである。

二〇〇九年二月はじめの週末、本社への帰任をふた月後にひかえてブリュッセルへ出張した。債務超過が避けられない見通しであることを、ついに期待にこたえられなかったことへのお詫びとともに、入社以来世話になってきたトヨタヨーロッパのA社長に直接報告しておきたかったからだった。

土曜日の朝、ホテルのカフェでAさんと向きあった。

「生産オーダーはしっかり見ていたのかね?」

そうきびしく問われて、返す言葉もなかったことをほんの昨日のことのように思う。忘れがたいリーマンショックの記憶である。

ところで、相談役のことにも、ひとつ触れておこうと思う。

おなじ二月なかば、あるシンクタンクの使節団のメンバーとして、相談役が小泉元総理といっしょにモスクワをおとずれる機会があった。このときは三日間、モスクワにいた。竣工式のまえにプーチン首相の外交顧問から「古い友人」の消息を尋ねる電話があったことは伝えていなかった。そのこともあったので、その機会になにか手伝えることはないかと、事前にそれとなく秘書をつうじて打診してみたのだが、他のメンバーたちといっしょに行動するので余計なおせっかいは無用とのことだった。

滞在中、相談役は小泉元総理や使節団の一行といっしょに大型バス一台で移動した。多忙なわたしに余計な負担をかけさせまいという気遣いもあったのだろう。けれども、そうはいっても二月のモスクワである。バスから降りると頭が凍えるのではないかと案じて、〝ウシャンカ〟と呼ばれる、耳あてつきの毛皮のロシア帽子を買ってホテルの部屋へ持参したところ、すこし大きいなあと言いながら、さっそくその場でかぶってみせて喜んでくれた。

その折にわたしから、大型バスの団体移動ではなにかと休まらないだろうからと、会社のレクサスを使うことを勧めたが、にべもなく断られた。かわりに、わたしが羽織っていたベストを指さして欲しがった。一九九〇年代はじめに内戦下のジョージアから逃れてきたテーラーに仕立てさせたものだった。シャネルの生地のシックで大柄なデザインがどことなくロシア調で、わたしも気に入っていたが、残念ながら街なかで買える代物ではなかった。販売はどうだ？とは訊かれなかった。リーマンショックはすでに世界中を覆っていた。訊かずとも、おおよそのことは知れていたのだろう。

モスクワに居ながらなんの手伝いもできなかったこともあって、最後の夜、赤の広場からほど近いレストランに使節団一行を招いて夕食会をもよおした。その名も〝ボリス・ゴドゥノフ〟という高級ロシア料理の店だった。

ちなみにボリス・ゴドゥノフ（在位一五九八―一六〇五）、このムソルグスキーの歌劇でも知られる人物は、イヴァン四世（いわゆる「雷帝」、在位一五三三―八四）の親衛隊員だった大貴族で、雷帝のあとを継いだ子フョードルの死後、貴族どうしの内紛のなかから皇帝として君臨した（トルコ化したモンゴル人、つまりタタールだったという説もある）。十七世紀はじめにヨーロッパ全体を冷害が襲う。大飢饉に見舞われて社会不安がひろがるなかでボリス・ゴドゥノフが没した後、近代ロシア史は〝スムータ〟と呼ばれる一〇年ちかい「動乱の時代」に入る。

小泉元総理は二〇〇六年九月に自民党総裁の任期満了を機に総理の座をおり、二〇〇八年九月には政界引退を表明していたが、それでもなお一匹狼として存在感をしめしていた。〝スムータ〟の時代さながら、日本では小泉政権のあと安倍晋三（第一次）、福田康夫、麻生太郎と短命政権がつづいていた。そして、二〇〇九年八月の総選挙で自民党は大敗を喫して民主党政権が誕生する。

「立って半畳、座して一畳。政治家たるもの、所詮こういうことだよ」

元総理は意気軒昂だった。

相談役は悠然と笑みを浮かべていた。

モスクワで活躍する日本企業の代表も招いたが、小泉元総理に奥田相談役と役者がふたり揃うと、さすがに異様な雰囲気につつまれた。

苦多かれども、また楽しからずや

リーマンショックから半年後の二〇〇九年四月四日。

春の陽射しは明るかったが、風はまだ肌にひんやりと冷たかった。

いよいよモスクワを発とうとするその日、週末の土曜日にもかかわらず、後任としてすでに着任していたIさんをはじめ、ロシアトヨタの主だったメンバーがわたしのアパートメントのまえで見送ってくれた。わたしと苦楽をともにし、支えてくれた仲間たちである。皆、それぞれに五つ、年齢を重ねた。それなりにいくらか肉づきも良くなり、年長の者は白髪も増えて、時の流れを感じさせた。

二〇〇四年一月六日。着任早々、机の上に決裁書類が山となって積まれた。

「サインをお願いします」

従業員からそう請われるままに書類に眼をとおしながら、いざ問題が生じたときに責任を問われるのが、ほかならぬ自分自身であることの重大さをあらためて自覚せざるを得なかったことを思い出す。それから五年三ヵ月にわたる、わたしの仕事はこうしてスタートした。

ロシアは、いわずと知れた膨大なる書類社会だった（もっとも、いまは電子化がすすんで事情はいくらか変わったようではあるけれど）。あたりまえのことだが、会社が取り交わす契約上の手続きは、あとで誰が見てもつけこまれることのないように、ロシアの法令や規則にしたがって適正に処理しておく必要があった。そのため、ディーラー、フォワーダー、広告代理店など取引先との契約書類は、週末にホテルの部屋で辞書を片手にすべて丹念に読みこんだ（家族が合流するまでの三ヵ月間はオフィスからほど近いホテルの一室に仮住まいしていた）。そして、ひととおり眼をとおしたあとは、肚をくくって権限を大胆に部下に委譲した。そうでもしなければサインだけで日が暮れてしまっただろう。

しばらくは会社のブリーフを受けながら、かたわらから皆の仕事ぶりを見て勉強するつもりでいたのだが、いつまでも新入り顔でそうそう呑気にかまえてばかりいるわけにもいかず、ひと月もしないうちに、わたしもまた皆に混じって目のまえの仕事に忙殺されることになった。それからは、いろいろな意味において全力で取り組んだ日々だった。またそれは、いっしょに仕事をしたすべての仲間たちにとってもおなじだっただろうと思う。

さいわいにも、在任中は「オイルロケット」の僥倖にめぐまれて経済は絶好調だった。それになによりもトヨタには、かのランドクルーザーに代表される人気の高い商品ラインナップがあり、またすでにロシア社会で高いブランドが確立されていた。おかげで会社の売上や資金繰りにさしたる苦労はなかったが（もっとも、最後はリーマンショックにやられ、悔しくて臍をかむ思いだったのだが）、なにごとも日本とは勝手がちがって、いったん気を抜くとたちまち足をすくわれそうでいつも張りつめていたように思う。

なにしろロシア社会はいまだ成熟しておらず、至るところ猛々しく尖っていたうえ（現に南のコーカサス地方のチェチェン共和国では内戦がつづいていた）、真冬の寒さは大陸の野性を帯びていかにもきびしく（朝な夕な、ダイヤモンドダストがきらきらと宙を舞って美しくもあったが）、おまけに多民族を擁してひろがる国土ははなはだしく大きくて、アジアの海に浮かぶ小さな日本とはそもそも遠近感のものさしがちがって（東京と福岡の移動ぐらいはなんでもない距離だった）どこへいくにも時差をともなった。

　そのうえ、来客もやたらと多かった。ひどい渋滞に悩まされもした。

　突然、まえぶれもなく通関ルールが変わることもしばしばだった。

　そのうちに、日々なにが起きてもおどろかないのがロシアという国なのだと悟ったが（その点、ロシア人はあきらめが早くて、実に辛抱づよかった）、暖冬だった春さき、ある朝モスクワの地下水脈が忽然と変化して、建設現場に打ち込んだばかりだったコンクリートの支柱が浮いて傾いたときには思わず天を仰ぐほかなかった。

「ニシタニさん、日本は安定した国ですが、ロシア人は常に変化を予想して生活しています」

　途方にくれた現場で、コンサルタントにそう声をかけられたことを思い出す。

　たしかに、この国の歴史は遠いボリス・ゴドゥノフの昔から革命と戦争と動乱によっていろどられてきた。最近では三〇年まえのソ連崩壊もそうだった。そのため、ロシア人には社会の急激な変化と向き合うための心の準備ができている。明日、なにがあってもおかしくない、と彼らは考える。裏腹に、計画性というものがない。社会主義とはいったいなんだったのだろう？　彼らは遠いさきの計画を立てる気持ちになれない。

　あるいは、そもそも合理ならぬお国柄というべきなのかもしれない。

　そう、十九世紀の詩人にして外交官フョードル・チュッチェフ（一八〇三―七三）がいみじくも記しているように。

「ロシアは頭ではわからぬ、
なみの尺度でははかれぬ、
ロシアならではの特質がある、
ロシアは信じることができるのみ」

とにかく万事において疲れるが、平穏な日本とちがって毎日がよくもわるくも変化に富んでおり、そういう意味では退屈もせず、また楽しくもあったと思う。

見方によっては、ロシアそのものが広大なる未成熟国家のようなものだった。なにせ社会は荒削りで不条理に満ちていたし、またそこに生きるひとびとは混乱をものともせず、広々とした国土の自然に包まれて、ときとして猛々しい野性らしきものに満ちていた。油価ひとつで経済が激しいアップダウンを繰りかえすというのも、彼らにとっては夏の暑さと凍てつく冬の寒さにも似て、未成熟国家ロシアのほんのひとつの顔にすぎないということかもしれない。かの十九世紀の詩人もまた、ロシア社会のある意味で合理を超越した一面をとらえて、頭でロシアはわからぬ、とアフォリズムめいた言辞で嘆き、最後は「ロシアは信じることができるのみ」と断じるほかなかったのかもしれない。

が、それにしても……、とわたしは思うのである。ロシア人とはなんと辛抱づよく、かつ楽天的で、たくましい精神の持ち主なのか、と。

不況は、地方のモノインダストリー経済を巻きこんでいよいよ深刻化しつつあった。最後に大量の在庫を残してしまったが、経営の建て直しをふくめて、後のことはIさんとロシアの仲間たちにまかせることにした。

「ニシタニさん、心配しないでください。油価さえもどれば大丈夫ですから……」

エレーナが、わたしにそう言って片目をつぶってみせた。

エピローグ

素晴らしい仲間たち

その後、ロシアの自動車産業は、二〇一一年十二月のWTO加盟を機に、それまで外国の進出メーカーに与えられていた優遇措置がみなおされ、また翌年から関税率が段階的に引き下げられたこともあって、外国メーカーがいっそうの現地化をすすめたり、新興のロシア企業へ生産をまとめて委託したりするなどの動きがひろがって、ロシアをはじめヨーロッパやアメリカ、韓国、日本に加えて中国などのブランドが、それぞれ多様なビジネス形態で競い合うユニークな市場へとその姿を変えていった。

そうしたなかにあって、ロシアトヨタの経営は、わたしのあとを引き継いだおおぜいの後輩たちやロシアの仲間たちの手で再建され、以前にもましていっそう強靭（きょうじん）なビジネスに立ちなおった。また、サンクトペテルブルクの工場では、二〇一四年十一月にあらたにプレス成型ラインが増設され、二〇一六年十月にはカムリについでRAV4のノックダウン生産もはじまって、生産能力は一〇万台規模になったという。後輩たちのたゆまぬ努力といっそうの活躍に心からのエールを送りたい。

モスクワ勤務時代の元部下たちと久しぶりの旧交をあたためたのは二〇一六年秋だった。その夜、ダウンタウンのトヴェルスカヤ通り、クレムリンに面する角にあるカフェ〝ドクトル・ジバゴ〟（ボリス・パステルナーク〔一八九〇―一九六〇〕の小説のタイトルを店名にしていた）に二十数名の懐かしい顔ぶれがつどった。あれから七年以上が過ぎて、すでにトヨタをやめて新しい道をすすむ仲間もなん人かいたが、残った仲間たちは皆、それぞれ経験を積んで責任ある立場についていた。どの顔にも、人生の成長期をへて成熟期を迎えたような落ち着きがあった。

モスクワの街もすっかりモダンな都会に様変わりしていた。シェレメチェヴォ空港はこの国の新しい空の玄関として生まれ変わり、エアポートハイウェイが建設されて市内からのアクセスもよくなった。また、以前は工場跡地だったところに超高層のオフィスビル群が摩天楼のように細く高くそびえ、幹線道路沿いのそこここに洒落たショッピングセンターがオープンしてもいた。

アルトゥフェフスコエ通りの社屋のまわりも、見違えるばかりに変わっていた。フランス資本の大型スーパーマーケットを中心に、ファストフードやショッピング施設、オフィスビルなども建って、地下鉄駅からシャトルバスが通うようになり、通勤や買い物にも便利なエリアになっていた。わたしの離任に際してエレーナ（彼女はドライバー付きの副社長になっていた）が言っていたとおり、二〇一一年から二〇一三年にかけて原油価格がふたたび高騰すると、ロシア経済はにわかに息を吹きかえしたのである。この国で、石油がもたらす富の大きさは測り知れないと、わたしはあらためて思うのだった。

しかし、いまや彼らのロシアは、欧米世界から制裁される国になっていた。二〇一四年二月、ウクライナの首都キエフで政変が起こった。プーチンのロシア（プーチンは二〇一二年五月にふたたび大統領職に返り咲いていた）がそれに乗じてクリミアを併合し、欧米世界がこれに反発してやにわに制裁を発動したことはいまだ記憶にあたらしい。そして、その後は東部のドンバス地方の内戦（キエフの政府軍と、ドンバスの一部を支配する親ロシア派の武装勢力が対立した）に関与して、国際社会から孤立していた。

それでも大多数のロシア人にとり、クリミアは古くからロシアの領土である。ロマノフ朝のロシアは十八世紀後半にクリミアを併合し（一七八三年クリム＝ハン国滅亡）、南下を企てて、文豪レフ・トルストイ（一八二八―一九一〇）も従軍したクリミア戦争（一八五三―五六）を戦った。ロシアにとり、セヴァストポリ軍港は南の海をのぞむ要塞である。ロシアがふたたびクリミアを手放すことはないだろう。そのかぎりで制裁もつづく。ウクライナ政変は、ロシアと欧米世界の溝を決定的にひろげた。

一方、過ぎさった二〇年をグローバルにふりかえるとき、なによりも中国の存在が格段に大きくなったことが最大の変化要因であることに異論の余地はないだろう。あるいは、むしろ中国の強大化それ自体が、アメリカへの一極集中だった冷戦終焉後の世界、つまりパクス・アメリカーナ（アメリカによる平和）と呼ばれた力のバランスを変えつつあるとみるべきかもしれない。リーマンブラザーズの破綻が明らかになった直後、中国はその巨大な経済パワーで四兆元（当時の為替レートで約五六兆円）という当時としては桁ちがいの景気刺激策を打って需要を喚起し、アメリカ発の世界的な金融不況のショックをやわらげることに貢献したのだが、同時にそれは、その後の世界が中国経済との相互依存をいちだんと深めていく過程ともなった。

ロシアもまた例外ではない。ロシアは中国との連携を深めた。プーチンによるクリミア併合と欧米による制裁は、その分水嶺だったように思う。

けれどもその夜、わたしたちのあいだに、そのような政治の要素が影を落とすことはなかった。欧米世界にとってロシアがどういう国であれ、その場にいるわたしたちには関係のないことだった。仲間たちは昔と少しも変わらなかったし、そこにいる皆が明るく輝いていた。だれもが、退屈でけっして気楽とはいかないだろう人生を、いつなにが起こるかも知れないようなスリリングな日常を、相変わらず辛抱づよく、かつ自由にたくましく生きていた。それがわたしの知る市井のロシア人だった。わたしにとり、愛すべき素晴らしい仲間たちである。

紳士クラブのツワモノたちのことにもふれておこう。二〇一三年の春さき、地中海に浮かぶキプロスで金融危機が発生した。ギリシャの財政破綻が南欧の国々に波及した。もしかしたら……、と思って東京から電話すると、電波がとどいたさきは北のモスクワにあらず。相手は南のキプロス島にあるニコシアの銀行で小金を引き出している最中だった。他にも顔なじみのクラブの面々がなん人かいたそうだ。ツワモノたちも、どうやら健在のようである。

油価の急落も、ときどき思い出したように起きていた。そのたびにルーブルも下落した。

そのうえ、アメリカでシェール革命が起こって原油のグローバルな需給構造に根本的な変化が生じ、油価は長期的に低位安定が見込まれるようになってもいる。産業社会の脱炭素化への動きもひろがりつつある。それでも、ロシア経済の石油依存体質はたやすくは変わらない。そしてこの国は、これからもきっと油価の変動に翻弄されながら、アップダウンを繰りかえしていくのだろう。

わたしたちは最後に、かつて共に過ごしたロシアにおけるトヨタの一時代に乾杯して、再会を誓った。

「古い友人」の消息

相談役とも、ときどき会った。相談役は二〇〇九年六月に取締役を退任して、その後はふつうの相談役（シニア・アドバイザー）としておだやかな日々をおくっていた。ロシア情勢や日ロ関係のこと、日本の政治や経済のことなど、他愛のない茶飲み話に興じたものである。

あるとき、東京本社の執務室をたずねると、部屋の中央の円い柱にカラーポスターが一枚貼ってあるのが目にとまった。どこかで見覚えがあった。特大サイズのポスターに、清楚（せいそ）を絵に描いたようなかの女優が、あたかも日本の原風景に溶け入るかのごとき佇まいで座る姿が写っているではないか。

「大人になったらしたいこと……」

コスモスが風に揺れていた……。やはり、そうだったか。わたしがすかさず突っこみを入れようとすると、そのポスターがどうかしたのか？　とでも言いたげに澄まし顔をくずさなかった。咄嗟の受け身の技は心得ていたようである。

本の話もしばしばした。相談役は本を読むことが好きだ。執務室のキャビネットにはさまざまなジャンルの名著がならんでいた。著者から寄贈された本も多かった。自宅の書斎にもたくさんの蔵書があると聞いていた。

あの日、シベリア鉄道の食堂車で思いついたようにダイコクヤのことを口にしたのも、きっと以前に井上靖や司馬遼太郎の本などを読んだ記憶から、ふと脳裏をよぎって訊いてみたくなったのだろう。いっしょにいると、そういうことがよくあった。あるとき、森嶋通夫の本を読んだことはあるか？　どうだったか？　と訊かれたこともあった。『無資源国の経済学』『なぜ日本は行き詰ったか』など。宿題をもらった気がして急いで取りよせて読んだ。

およそ、世に〝カリスマ〟と呼びならわされる経営者には、おのずとひとを惹きつけてやまない力を放つなにかがあるようだ。人間力のようなもの、と言ってよいかもしれない。

第三章のあとに間奏曲として、シベリア鉄道の旅の紀行を記した。いよいよノヴォシビルスクを発とうという日、相談役は地元のシベリア各地からあつまったディーラーのオーナーやマネージャーたちと懇談し、日ごろの尽力をねぎらった。

ディーラーのオーナーたちから、忌憚のないきびしい意見や要望が相次いだ。タマ不足、商品の細かな改善点、仕様の向上、外板色の追加、等々。そのあいだ、相談役は下を向いて、ひとつひとつ熱心にメモをとっていた。そして、ひととおり彼らの声に耳をかたむけたのち、そろそろなにか言ったほうがいいかな、と頃合いを見計らうような顔でわたしに通訳するように目配せすると、マイクをとって正面に向きなおる。

「トヨタは今年、おそらく世界一の自動車メーカーになるだろうが、わたし自身は世界一とは少しも思っていない。自動車産業の将来は明るいだろう。しかし、だからといってトヨタの将来も明るいとはかぎらない。トヨタが将来にわたって安泰でいられるかどうかは、ひとえにトヨタではたらくすべてのひとたちの日頃の努力にかかっている」

こう述べたあと、トヨタには課題が山ほどあること、市場やお客さんの期待が商品の開発や生産に的確かつ迅速に活かされるようでなければならないこと、そしてそのために、これからも今日のように現場の声をたくさん聴かせてほしい、十二月にサンクトペテルブルクで再会できることを楽しみにしている、という趣旨の話をした。

驕(おご)りのない、まっすぐ通る声だった。それまでトヨタのトップが日本から社有機でヨーロッパへ飛ぶ途中、給油のためにシベリアの空港に降りることはあっても、わざわざ市内へ足をはこんでディーラーを訪問することはなかった。オーナーやマネージャーたちは、言葉にならない感動を熱い拍手にかえて応えたのだった。

「君たちはこれからもっと忙しくなるぞ」

他方、旅の日程を終えてわたしにそう言葉をかけたとき、視線のさきに、そのひとはいったいなにを見ていたのだろう。

思うに、奥田碩というひとは、いわば筋金入りの拡大均衡論者だった。内に籠って小さくまとまることを嫌い、むしろ外へ向かって翼を大きくひろげてより大きなバランスをめざしていく。わたしの知る相談役は、出会ったときから、そもそもモノサシというものがちがっていた。相談役は、ひとりトヨタという一企業の経営者としての枠におさまることをよしとせず、自らその枠をはみだして一時代の日本の経済界を代表した。経営者としてトヨタのグローバル化を大胆にリードする一方で、経済人として日本という国の枠をも越えていきかねないような器量を感じさせた。

碧空の記憶

世界史は、ときに起伏を見せながら、ゆるやかに旋回する。

タイ・バーツの切り下げにはじまる通貨危機がアジアを襲った一九九七年七月。

その夏、わたしはウクライナ東部のドニエプロペトロフスク市（二〇一六年にドニプロ市と改名）にあるミサイル工場ユジマシ社（ソ連時代に設立された「南部機械組み立て工場」）をおとずれていた。冷戦のさなか、ソ連の大陸間弾道ミサイル（ICBM）の七五％を設計、製造していた屈指の名門工場だが、軍用ミサイルの製造は中止されてすでに久しく、鬱蒼たる緑の樹々が地上の様子を上空からすっぽりと覆い隠すように繁っていた。

視察のおわりに戦略ミサイルの解体現場に案内された。大きな体育館がすっぽり収まるほどの建物のドアを押してなかへ入ると、かのSS19ミサイルが数基、解体作業を待っていた。わたしたち一行を案内してくれた初老の現場責任者は、その鈍色の巨体を指差しながら廃棄計画の進捗状況を慇懃かつ淡々と説明するのだった。かつてミサイル開発の最前線で冷戦をたたかい、アメリカとしのぎを削った精鋭エンジニアにとり、まさに砂を噛むようなやるせない日々であったにちがいない。

中庭へ出ると、弾頭をはずされて、もはや無用の長物と化したアルミニウムの巨大な筒殻が、いかにも所在なげに陽光にさらされていた。かたわらには、青と黄のウクライナ国旗とならんで、星条旗が高々と風になびいてひるがえる。翌日には、ワシントンからZ・ブレジンスキー元大統領補佐官がおとずれることになっていた。

嗚呼、冷戦とはかくも空しく、かつ膨大なる浪費であったことか。見上げると、覆いが消えてぽっかりと高く抜けたような空がかぎりなく澄んでひろがっていた。わたしにとり、冷戦の終結とともにはじまった経済のグローバリゼーションの四半世紀は、この日に見上げた碧空の記憶と分かちがたく結びついている。

本書の冒頭に記したように、往時、わたしは長銀総研をいっとき離れて、ウクライナの日本大使館で専門調査員として勤務していた。そしてそこで、ベルリンの壁崩壊後のヨーロッパを覆った解放感と、旧ソ連や東欧の国々を席捲した経済改革の息吹きにふれ、統一通貨ユーロの導入やEUの東方拡大への期待が渦巻くなかで、ひとつの市場経済のダイナミズムを肌で感じた。

けれども、それにひきかえ、遠いアジアの日本はあたかもそうした世界の動きとは無縁であるかのように、バブル崩壊につづく国内の金融システムの混乱に翻弄されているようだった。

ヨーロッパからみると、日本は冷戦終結後におとずれたグローバルな構造変化から、まるで蚊帳の外におかれているようにすら感じられたものである。そして、わたしは日本へ帰国してトヨタ自動車へ入社した。早や二〇年以上もまえのことである。

ソ連崩壊から一〇年ほどが過ぎた二〇〇〇年代はじめ、新しいミレニアムとともに原油価格が上昇に転じて、冷戦終結後の世界経済の潮目が変わる。それは、資源大国ロシアに巨大な消費ブームがおとずれる号砲にほかならなかった。ソ連崩壊後の大きな混乱期をへて、晴れてひとつの市場経済への合流を果たしたロシアは、日本をふくむ西側企業に巨大で未開拓な潜在市場とあらたな投資機会を提供した。折からの資源高がこの流れをいきおいづかせた。その背景に、中国はじめＢＲＩＣｓと呼ばれる国々やアジアの新興国における膨大なエネルギー需要があったことはいうまでもない。

そして、トヨタは先行するＧＭやフォードの背中を追って、ときあたかも成長いちじるしいロシアの自動車市場へ進出した。わたしが経験したロシアにおけるトヨタの一時代はそのようにしてはじまる。それはまた、日本のトヨタがグローバル経営の旗を高くかかげて、世界一の自動車メーカーへの坂道をいきおいよく駆けあがっていく時期とも重なっていた。

トヨタにとってのアメリカ

相談役といっしょにシベリア鉄道にゆられた二〇〇七年、トヨタは大方の予想どおり、自動車の生産台数で世界一になった。そして翌二〇〇八年には、販売台数でも八九七万二〇〇〇台となり、ついにGMを抜いて世界一の自動車メーカーにおどりでたのだった。

しかし、おなじその二〇〇八年の秋、リーマンショックが世界経済を襲う。

かたや二十世紀アメリカの資本主義をリードしたGM、フォード、クライスラーのデトロイト・ビッグ3は、どこもこぞって深刻な経営難にあえいでいた。アメリカは、石油の発見とガソリンエンジンの開発、馬車にかわる自動車の普及、いわゆるモータリゼーションの進展とともに発展した。そして、自動車産業に象徴される規模の経済とスーパーマーケット型の大量消費の経済によって第二次世界大戦後の世界経済をリードし、さらには冷戦終結後の覇権を支えるための富を蓄積した国である。自動車産業こそは自由と民主主義の国アメリカの繁栄のシンボルとも言えた。オバマ政権は巨額の財政支援を決め、国を挙げてビッグ3の救済へうごくことになる。

日本のトヨタもまた、難をのがれられなかった。

わたしがロシアから帰任した二〇〇九年四月、愛知県豊田市に本社をおくトヨタもまた、グローバルな販売不振で揺れていた。自動車は規模がものをいう産業である。販売台数が増えれば利益はふくらむ半面、それが逆回転すれば赤字幅もそれだけ大きくなる。会社の業績は一転した。その年の五月、トヨタは二〇〇九年三月期の連結決算として、一九三七年の創業以来未曽有の四六一〇億円の営業赤字を計上したのだった。

同時に、それを機として創業者の孫にあたる豊田章男氏の第一一代社長就任が決まり、奥田碩氏、張富士夫氏、渡辺捷昭氏と三代つづいた社内人材生えぬきの経営者の時代も幕をおろした。トヨタの経営に転機がおとずれて、新聞はこれを「創業家への大政奉還」と大見出しで報じた。

だがしかし、トヨタにとり、ほんとうの苦難と激動のはじまりはむしろそれからだった。おなじ年の秋、たたみかけるように、収益基盤のアメリカで環境先進車「プリウス」の品質に対する集団訴訟がもちあがる。グローバルな連結利益を支えるアメリカ事業に激震が走った。アメリカこそは世界最大の自動車市場だった。トヨタはアメリカへ自動車を輸出し、アメリカに工場を建設し、ビッグ3と競争することによって成長してきたといっても過言ではない。

冒頭で記したように、トヨタはドルショック後の一九八〇年代に日米間の通商摩擦を波状的に経験した。そのため、きびしい数量規制を受けいれて、その後はアメリカ本土での現地生産を加速して地歩を固め、さらにアジアやオセアニア、ヨーロッパから世界へと翼をひろげてついに世界一の自動車メーカーになった。その矢さきのプリウスを標的とする集団訴訟という嵐だった。トヨタはアメリカ社会から総攻撃され、まさしく存亡の秋に立たされたのである。豊田章男社長を中心にして、皆が、ほんとうに今度こそ倒産するのではないかという強い危機意識を共有して、全社一丸となってその試練と真っ向からむきあった。

実は、一九九〇年代後半以降のグローバル化が、凄まじい勢いですすめられたことは数字にあらわれている。海外生産は一九九〇年にわずか九三万台ほどだったのが、二〇〇〇年には一九六万台に、さらに二〇〇七年には四五〇万台にまで増えて、ついに国内生産を凌駕する。またおなじ期間、海外販売はそれぞれの時点で二三七万台（一九九〇年）、三三八万台（二〇〇〇年)、六八四万台(二〇〇七年)へと、生産を上回るペースで増える。とくに二〇〇〇年から二〇〇七年へかけての七年間にかぎってみると、生産は毎年約四〇万台、販売では毎年なんと五〇万台という驚異的なペースで増加したのだった。

トヨタの敵はトヨタに在り。上司の役員がよくそう言っていたものである。わたしが入社したころの一時代は、世間から「石橋を叩いても渡らぬ」と評されていたトヨタが、猛然とエンジンを噴かせて一気呵成に世界の頂点をめざした時代でもあった。それは、トヨタが「三河の田舎ザムライ」と言われつづけた伝統的な殻を自らやぶって挑戦したという意味で、より大きな高みへ向かうためのひとつのブレークスルーだったのかもしれない。

しかし半面、この時期における、考えてみれば無謀ともとれる急激な拡大路線が、かたや経営における固定費(人件費、開発費、工場・設備等の減価償却費など)を急速にふくらませ、結果としてリーマンショック後に直面した販売不振時の経営に甚大なコスト負担となって重くのしかかることになった事実も否めない。同時にそのムリが、大規模な品質問題というかたちで火を噴いた。これもまた、歴史が織りなす起伏といえよう。

「うちの会社ってケチなんです」

一九九九年五月に入社した日、アシスタントの若い女性が申し訳なさそうにそう言って、わたしに二本の鉛筆と四つに割った消しゴムのひとかけらを供してくれたことを思い出す。銀行系のシンクタンクから転職した年長の人物をまえにして、いくらか卑下してそう言ったのかもしれない。けれど、あたりまえのことをあたりまえのこととして愚直に実行する。トヨタの強さは畢竟、この一点に尽きる。よそから入ってみての感想である。もっとも、身内どうしの温かみはあるが、外の世界を知らないですんでしまう会社。これもまた、入社してほどなくして感じたことではあるのだが。

さいわいにも、いま、トヨタは甦っている。否、それどころかその後、二〇一一年には東日本大震災の困難にもみまわれるが、あらたな体制のもとで経営の修正と現場におけるあくなき改善の成果を積んで、業績を以前よりもいちじるしく伸ばしている。このパンデミックのもとでさえ、二〇二一年三月期に二七兆二一五〇億円の連結売上高と二兆一九八〇億円の営業利益をたたきだして、その強さをいかんなく発揮した。前年同期比はそれぞれ八・九％、八・四％の減にとどまった。

アフターリーマンの世界経済を中国が牽引したように、アフターコロナのそれも中国がリードするものとみられている。数年さきには、中国が名目GDPの規模でアメリカを追い越して世界一になるだろうとも見通されている。ニクソン大統領が電撃的な訪中を果たし、米中が歴史的な国交を回復したのは一九七二年のことである。アメリカは、中国を世界経済にとりこんで発展をうながせば、政治体制もかわって将来の民主化へつながるだろうと期待して、「世界の工場」としての中国の発展を支援した。同時に、中国という成長市場に参入したアメリカ企業はその繁栄を享受した。だが、それからほぼ五〇年が過ぎて、いまや中国は、アメリカにとり最大の競争国と目されるまで強大化した。

けだし、歴史の内なるエネルギーには音がない。およそ歴史のダイナミズムと呼ぶべき現象は、あるとき静かにはじまって、ながい時間をかけてゆるやかに旋回するものではないかと思っている。そしてある日、気づいたとき、新しい現実としてわたしたちの眼前に現れる。

また歴史には、そこを過ぎると、もはや引き返すことのできない通過点のような局面があるのではないかと思う。歴史は繰りかえすとはいうけれど、引き返すことはできない。それは帰らざる河であるし、後もどりのできない一本道である。政治も経済も、歴史の大きな流れには逆らえない。グローバル企業が生き残る道も、また然りである。

あるいは、かつてアメリカで火を噴いたトヨタ車に対する品質の問題は、自動車産業というひとつの産業における盛衰史をこえて、やがておとずれる挑戦者、中国との競争と、「偉大なる」アメリカ社会そのものの混乱と変容の予兆だったのかもしれない。パクス・アメリカーナの晩鐘が聞えなくもない。アメリカには、もっとしっかりしてもらわなくては困るのだ。そのひとが、「武士道の精神」と「惻隠の情」(相手の立場にたって、その心情に思いを致すこと)について、折にふれて話すようになったのは早くも二〇〇五年なかばごろからだったように思う。

忘れ物のこと

最後に、もうひとつ記して筆をおきたい。

東日本大震災から八ヵ月後の二〇一一年十一月、相談役は某国立大学のステージに爽として立った。就職活動をひかえた数百人の学生たちをまえにして所信を披瀝(ひれき)したのである。日頃から、社長が本を出したり講演したりしていると会社は潰れるぞ、と嘯(うそぶ)いていた。この国の現状について、きっと思うところがあったのだろう。演題は「日本人に必要な時代認識」だった。

日本は、大きな変革を必要としている。

その日、相談役はまず、幕末から現在までの日本の近代史をひも解きつつ、日本はいま、明治維新、敗戦から戦後復興とならぶ、わが国近代の第三の大転換期のさなかにあって、国のあり方の変革をせまられている、とやおら切りだした。

つづいて、過去二回の転換が起こった理由やその歴史的な必然性をこんこんと説きつつ、平成のバブル崩壊と金融システム危機から今日にいたるまで、低成長ばかりがずるずると長くつづく日本の「失われた二〇年」（それでも当時はまだ二〇年ですんでいた）と呼ばれる現実をとりあげて、これは明らかに日本がこれまで拠って立ち、また相当程度うまくいっていた基本路線が行き詰まっていることの証拠と考えるべきで、それが表に出たのである、と自説を述べた。

そして、日本は将来に向けて国のあり方を一刻も早く変えていかなければならない、たとえ痛みをともなって不人気な政策であったとしても、蛮勇をふるって変えていかなければ、このままいつまでも停滞しつづけるだけなのだと訴えて、震災の有無にかかわらず、日本はそれ以前から大転換をせまられており、このことがいまの日本人にぜひとも必要な時代認識なのである、と諄々と説いて聴かせたのだった。

それは、いかにもそのひとらしい、大局観にもとづく危機意識の表明だった。変わるリスクよりも、変わらないことのリスクのほうがずっと大きい、これが持論のひとである。相談役の訥々としてけれん味のない語り口が、きょうびの若い学生たちの心にどれだけ響いたかはわからない。残念ながら、わたし自身はその場に居合わせたわけではなく、後日、草稿を一読する機会があったにすぎないのだが、途中、『岩倉使節団「米欧回覧実記」』(田中彰著)、『敗北を抱きしめて』(ジョン・ダワー著)、『天地明察』(冲方丁著)の暦学者、渋川春海、『楢山節考』(深沢七郎著)のおりんさんなど、折々に日本の近代を主題にした数々の名著やそれらの主人公たちを引き合いに出しながらの挿話にも、そのひとの揺るぎない信念の奥行きと若い世代への飾らない思いやりが感じられて、また格別のおもむきがあったはずである。

内向きになって、せまい日本の殻に閉じこもってはならない。もっと開国せよ、もっとのびやかに海外へ出よ。グローバルにひらかれた大きな世界のなかにしか、日本の生きる道はないのだ。だから、そのために必要な制度改革を急がなければならない。わたしには、相談役が次代の日本を背負う若者たちに対して熱っぽくそう語りかけている姿が眼に浮かぶ気がした。

二〇一九年の年の瀬、相談役は晴れて米寿を迎えたはずである。寒の弛(ゆる)んだ春さきに知人たちとともにささやかなお祝いをする予定でいたのだが、その矢さきに新型コロナウイルス感染症の流行がはじまって、それも流れたままになっている。

わたしの心には、あの忘れ物のことがわだかまっている。人生は一期一会の妙ともいう。わたしはやはり、相談役にあのことをつたえておくべきだったかもしれない。あの日、ウラジーミル・プーチンは日本の「古い友人」のことを気にかけていたのだ、ということを。

けれども同時に、わたしはこうも思うのだ。

相談役は、きっとそんなことをなんとも思っていないのではないか、と。

もし、それをつたえたとしても、

「そうか、ロシアのことはもういいぞ」

と、例によってボソッとつぶやくにちがいない。そして、

「それより日本はどうだ？　日本はほんとうに大丈夫か？」

胴間声でそう訊かれそうな気がする。

あとがき

ベルギーの日本大使館から、わたしの物と思われる手帳が落とし物としてとどいているとトヨタヨーロッパへ知らせがあったのは、たしか五年前、二〇一六年の春先のことでした。その数日まえに、公園を歩いていたひとに拾われて、大使館へとどけられたのだそうです。

後輩に頼んで、すぐに日本へ送ってもらうと、それは紛れもなく、わたしが愛用していた黒革のアシュフォードでした。なかのリフィルは二〇〇八年二月一日、金曜日からはじまっていました。メモ書きが十月六日、月曜日のところでぱったり途切れています。ちょうどブリュッセルのコンラッドホテルで会議に出席したタイミングです。

それにしても、わたしの手もとへもどるまで一〇年ちかくもの長いあいだ、どこでどのように眠っていたのだろうか。冷凍保存されていたかのように、皮に汚れもなく、雨に打たれた様子もありません。ポケットに差したロシアの知人たちの名刺もそのままでした。まるで小説のような謎めいた話です。

いまになって、これはどういうことなのだろう？

それからしばらくして、わたしは五年三ヵ月分の手帳の日付とメモ書きを丹念にたどりつつ、モスクワから持ち帰ったノートをひらき、また小箱に入れたままそれまで整理もしていなかった写真や、鉄道の切符、コンサートのプログラムや映画のパンフレットなどを手に取って、遠い記憶を解凍する作業をはじめたのでした。

わたしが経験したロシアにおけるトヨタとその一時代を、平成のバブル崩壊にはじまってリーマンショックへいたる時間と空間のなかで描く。最初に構想したときから早や一〇年以上が過ぎて、ようやくひと筋の物語に仕上がりました。このあいだに世界の景観もすっかり変わりました。そして、本書が刊行される十二月は、奇しくもソ連崩壊三〇年の節目にあたります。結果として本書は、冷戦終結にはじまり、リーマンショックを通過点として米中覇権競争下の令和のいまへいたる、歴史の変転を建付けとする物語になりました。

かつてロシアで……、Once upon a Time in Russia。

個人的な体験や遭遇したできごとを、歴史の時空という大きな視界にとらえて同時代の物語として記す。歴史と言えるほどのことがらでないことは承知しています。しかし、そうだとしたら歴史とはいったいなんなのか。これを歴史と呼ばずして、なんと呼ぼうか。この不遜にして大それた試みが幾ばくかの共感を得られるとしたら、ひとえにこれまでお世話になった方々と、ともに仕事をした仲間たちのおかげです。

しかしながら、そう気取ってみても、それは所詮、わたしのひとりよがりにすぎないかもしれません。

「余計な本など出さんでくれんか」

相談役の、困ったような優しい声が聞こえそうです。

本を書くことは、詰まるところ、自分自身が前へすすむための作業なのだと、いま思います。

わがままをどうかご容赦いただきたいと願ってやみません。


本書は、三人の編集者がたすきをつないで上梓されました。月刊『中央公論』元編集長・宮一穂さんからはじまって、最後は中央公論新社書籍編集局学芸編集部長・吉田大作さんに託されて、『ロシアトヨタ戦記』と題して晴れて世に送りだされました。吉田さんをアンカーマンに指名してくれたのは、前任の学芸編集部長で現総務部長の木佐貫治彦さんです。腰を落ちつけて机に向かうまで、長いときが過ぎました。本書の生い立ちに込められた、もうひとつの歴史です。記して怠惰をお詫びし、ご尽力に感謝いたします。

そして、本書の執筆を陰ながら応援してくれた友人と家族へ、深い謝意を表します。

二〇二一年十月二十五日

著　者

装丁…………間村 俊一

カバー写真…モスクワ・ダウンタウンのカフェ
〝ドクトル・ジバゴ〟傍にて（二〇一七年十月）
撮影 筆者

本扉写真……新社屋敷地内の外構工事現場にて（二〇〇八年十月）
撮影 TEAM IWAKIRI

西谷公明

1953年愛知県生まれ、エコノミスト。84年早稲田大学大学院経済学研究科修了（国際経済論修士）。87年株式会社長銀総合研究所入社。96年在ウクライナ日本国大使館付き専門調査員。99年トヨタ自動車株式会社入社。2004年１月から09年３月までトヨタロシア社長を務める。その後、欧州本部BRロシア室長、海外渉外部主査を歴任。2012年より株式会社国際経済研究所取締役、理事。2018年７月に合同会社N&Rアソシエイツを設立し、代表に就任。著書に『通貨誕生――ウクライナ独立を賭けた闘い』（都市出版、1994年）『ユーラシア・ダイナミズム――大陸の胎動を読み解く地政学』（ミネルヴァ書房、2019年）がある。

ロシアトヨタ戦記（せんき）

2021年12月10日　初版発行

著　者　西谷公明（にしたにともあき）

発行者　松田陽三

発行所　中央公論新社

〒100-8152　東京都千代田区大手町1-7-1
電話　販売 03-5299-1730　編集 03-5299-1740
URL http://www.chuko.co.jp/

ＤＴＰ　市川真樹子
印　刷　大日本印刷
製　本　小泉製本

Published by CHUOKORON-SHINSHA, INC.
Printed in Japan　ISBN978-4-12-005484-6　C0030